全国高等学校轻化工类专业规划教材

工程制图习题集

第四版

主　编　　李建新　高　慧　李东生

副主编　　徐元龙　解晓梅　赵　红

主　审　　陈　集

哈尔滨工业大学出版社

内 容 简 介

本习题集内容包括：制图的基本知识；点、直线、平面的投影；组合体的三视图；轴测投影图；机件常用的表达方法；标准件和常用件；零件工作图；装配图；立体表面的展开；焊接图；化工制图和 Auto CAD 绘图基础。

本习题集可供高等学校非机械类专业本科教学使用，更适用于轻化工类专业使用，也可供大学专科、成人高等教育及其他相近专业教学使用。

图书在版编目(CIP)数据

工程制图习题集/李建新,高慧主编.—4 版.—哈尔滨:哈尔滨工业大学出版社,2008.9(2009.8 重印)
全国高等学校轻化工专业规划教材
ISBN 978-7-5603-1527-0

Ⅰ.工… Ⅱ.①李…②高… Ⅲ.工程制图-高等学校-习题 Ⅳ.TB23-44

中国版本图书馆 CIP 数据核字 (2008) 第 105941 号

责任编辑　王超龙
封面设计　卞秉利
出版发行　哈尔滨工业大学出版社
社　　址　哈尔滨市南岗区复华四道街 10 号　邮编 150006
传　　真　0451-86414749
网　　址　http://hitpress.hit.edu.cn
印　　刷　东北林业大学印刷厂
开　　本　787mm×1092mm　1/8　印张 10　字数 218 千字
版　　次　2008 年 9 月第 4 版　2009 年 8 月第 7 次印刷
书　　号　ISBN 978-7-5603-1527-0
定　　价　20.00 元

(如因印装质量问题影响阅读,我社负责调换)

前　言

本习题集是在第一版、第二版、第三版的基础上，根据1995年国家教委批准的高等工业学校非机械类专业《画法几何及工程制图课程教学基本要求》，并参考各方面意见，由齐齐哈尔大学、哈尔滨工业大学、韶关学院共同编写的。在第四版修订过程中，参照配套教材修订的内容作了适当的调整和修改。并与徐元龙、李建新、窦宪民主编的《工程制图》第四版教材配套使用，也可根据具体情况与其它教材配合使用。

第四版习题集，除继续保留前三版的特点外，为了满足教学需要，对习题集中的制图基本知识，点、直线、平面的投影，投影变换，作了调整和修改。

第四版习题集的特点是着眼于对学生基本技能的培养和训练，选题力求结合轻化工类专业特点，也考虑到一般工科院校非机械类专业的教学要求，使题量适当，难度适宜，力求在学时少的情况下，使学生得到较好的训练。

为了便于教学，本习题集的编排次序与配套教材体系一致。由易到难、由浅入深、前后衔接。选题时在力求符合本课程基本要求的前提下，为适应轻化工类专业的需要，对机械图部分，尽量结合轻化工设备和机器上的零部件，习题集采用最新国家标准。

本习题集不仅适用于轻化工类专业及高等学校非机械类专业本科，也可供大学专科、成人高等教育及其它相近专业使用。

参加第四版习题集编写工作的有：李建新、高慧、李东生、徐元龙、解晓梅、赵红、窦宪民、吴佩年。

在此对本习题集编写过程中，曾经作出贡献的曹维江、敖泌云、周希德老师表示衷心的感谢。

由于编者水平有限，不当之处，欢迎批评指正。

编　者
2008年9月

字体练习	班级	学号	姓名	1

字体练习

1234567890

ABCDEFGHIJKLMN

OPQRSTUVWXYZ

abcdefghijklmnopqrstuvwxyz

I II III IV V VI VII IX X

αβγδθμπσ φ Φ

尺寸左右内外前后主平立向比例系专业班级

投影俯仰视局部旋转技术要求螺栓钉母垫圈

制描图审核序号名称材料件数备注斜锥度

齿销轮键簧轴滚承杆架柄钩端盖盘套箱体

0123456789012345678 9

0123456789012345678901234567890123456789

R3 2×45° M24-6H 78±0.1 10Js5(±0.003)

$\Phi 20^{+0.010}_{-0.023}$ $\Phi 15^{\ 0}_{-0.011}$ Φ65H7 10f6 3P6 3p6

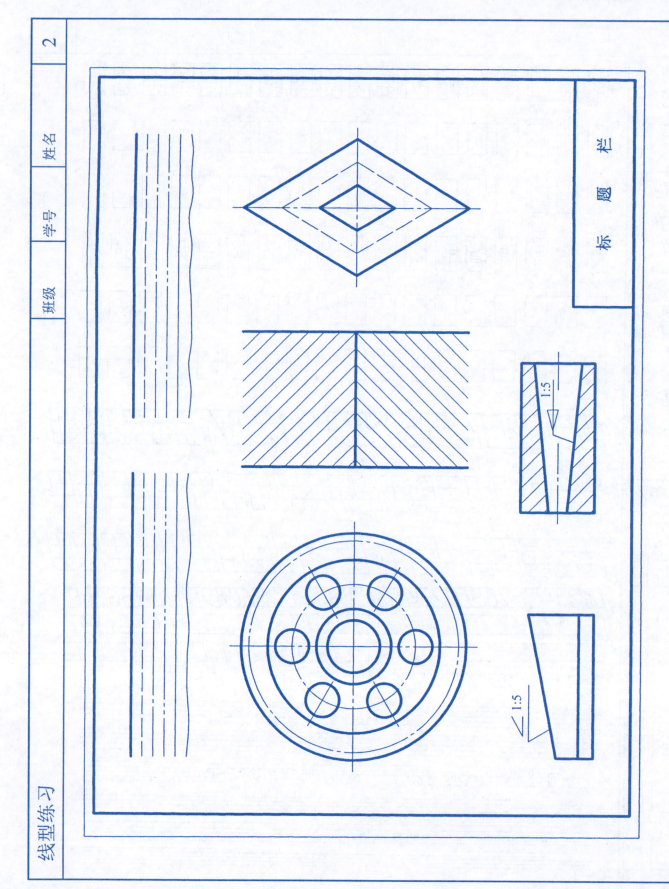

说 明

一、作业名称：基本手法

二、作图要求：正确使用仪器。图中除锥度、斜度外，皆为特殊角，必须用三角板配合丁字尺作出。图线要求符合国家标准 GB/T4457.4—2003。

三、作图步骤：
(1) 将 A3 号图纸按左下图固定在图板上。
(2) 根据 GB/T14689-1993 画出 A3 号图纸的外框和内框（底稿一律用细线）。
(3) 根据右下图尺寸画出标题栏。
(4) 按上方图例，用分规放大一倍，确定每一图形的位置。
(5) 按图例（放大一倍）画出每一图形底稿。
(6) 锥度、斜度处（只指倾斜线部分）只量左端，再按已给数据作出，切勿照抄原图。
(7) 检查无误后描粗。
(8) 填写标题栏。
(9) 最后检查、擦净，按外框裁去纸边。

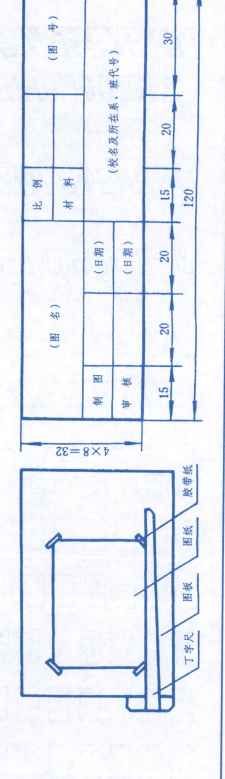

| 尺寸注法 | 班级　　　学号　　　姓名 | 3 |

1. 画出箭头并填入尺寸数值（尺寸数值从图中量取，并取整数）。

2. 在下列图中填入角度数值（角度数值从图中量取，并取整数）。

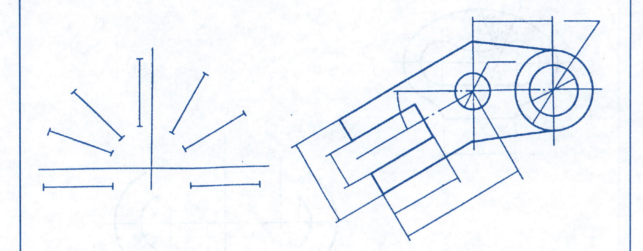
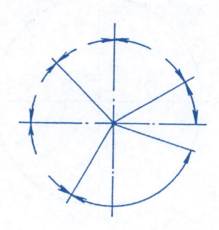
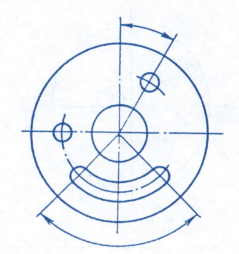

3. 在下列图中注出圆的直径及圆弧的半径尺寸（尺寸数值从图中量取，并取整数）。

4. 尺寸注法改错：将改正后的尺寸标注在右边的图上。

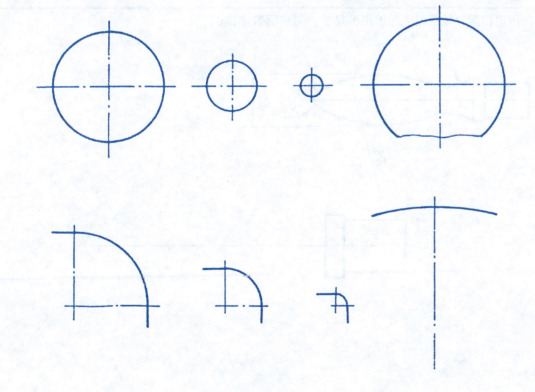
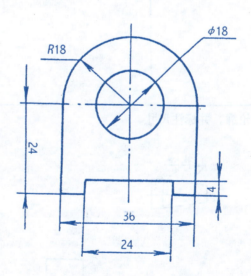
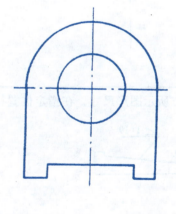

| 圆弧连接(一)（参照已给尺寸，在指定位置完成该图形） | 班级　　学号　　姓名 | 4 |

1. 作圆的内接正五边形和圆的内接正六边形。

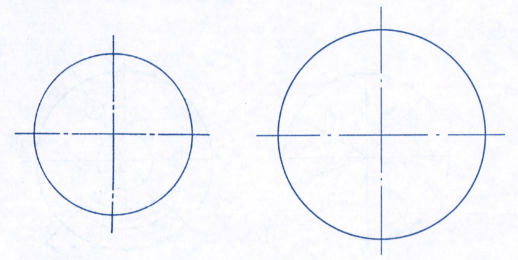

2. 用同心圆法和四心圆法分别画椭圆（长轴 60 短轴 40）。

3. 参照下方所示图形尺寸，在指定位置补全图形轮廓，并标注尺寸。

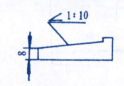

4. 在指定位置，按照左上图给出的尺寸，完成已知线段（直线、圆弧）的圆弧连接。

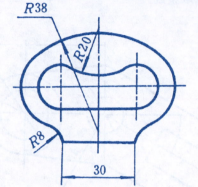

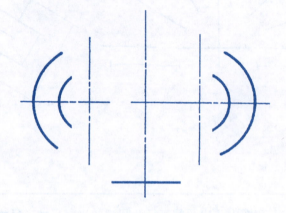

5. 在指定位置，按照左上图给出的尺寸，完成圆弧连接。

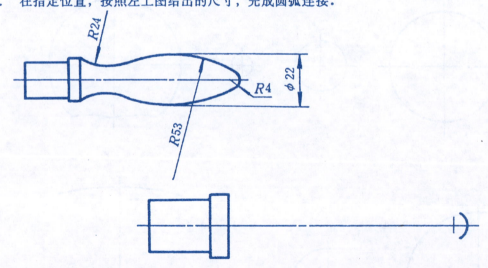

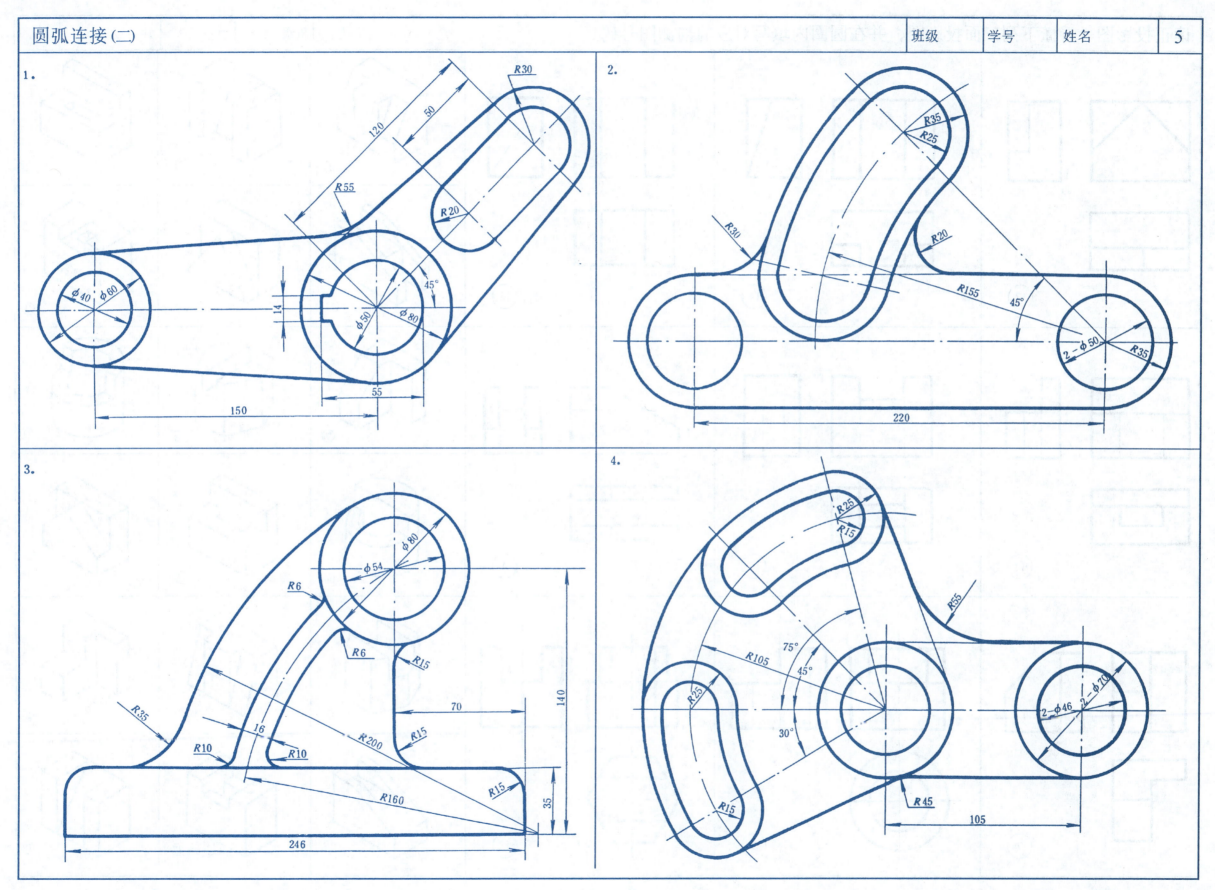

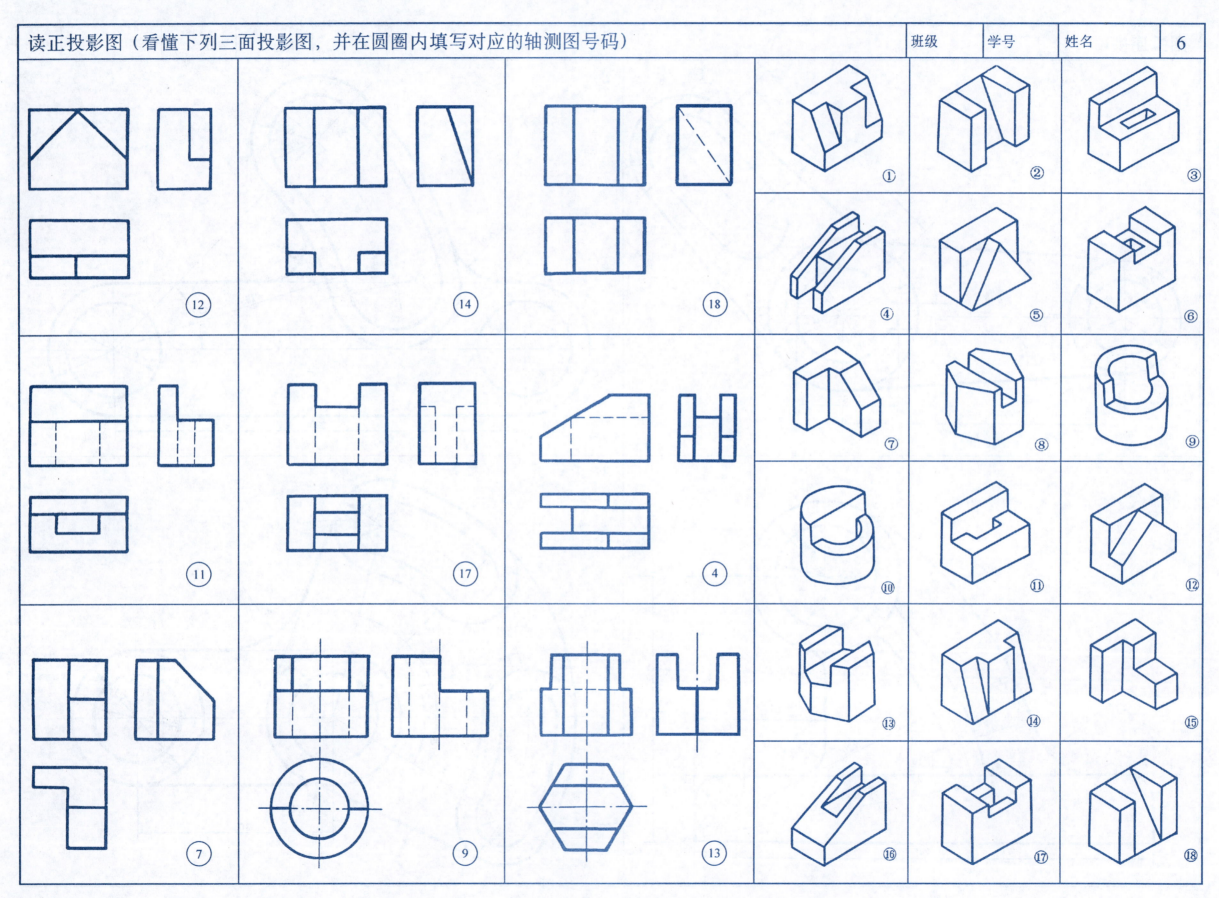

点的投影

1. 已知各点的空间位置，试作出它们的投影图。

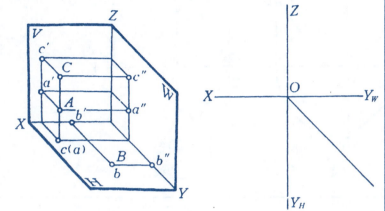

2. 已知各点的两投影，试作出其第三投影。

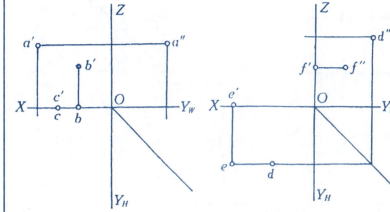

3. 根据已知条件，试作出各点的三面投影图。

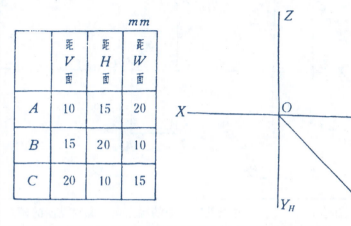

mm	距V面	距H面	距W面
A	10	15	20
B	15	20	10
C	20	10	15

4. 已知点A在点B的上方10mm，后方15mm，左方12mm；点C在点D的下方15mm，前方10mm，右方5mm，试作出点A和点C的三面投影图。

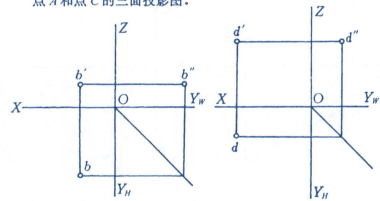

5. 已知各点的投影图，问各点与投影面的距离各为多少（mm）。

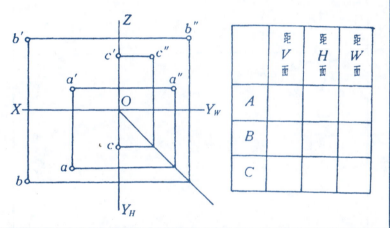

	距V面	距H面	距W面
A			
B			
C			

6. 已知点A的坐标为（10,15,25），点B的坐标为（20,5,15），试作出点A和点B的三面投影图。

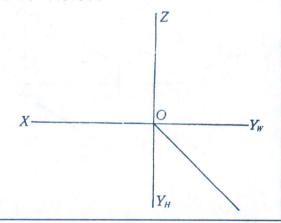

7. 已知点A的三面投影和点B、C的V、W投影，求点B、C的H投影。

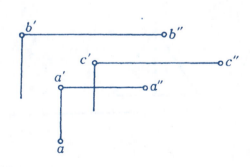

8. 已知点A（15,10,0）和点B（10,15,5），试作出它们的三面投影和在轴测图中的位置。

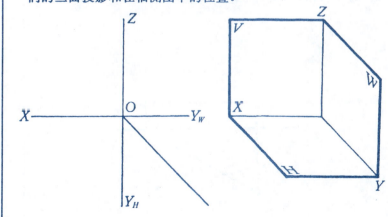

9. 已知点A、B、C、D的空间位置，试在三面投影中标出其各点的投影。

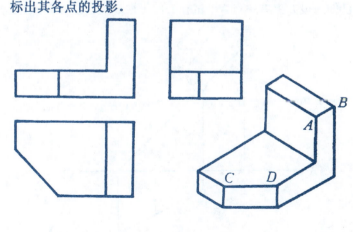

直线的投影（一）

1. 根据直线的两面投影作出第三面投影，并想象下列各直线的空间位置，写出其名称。

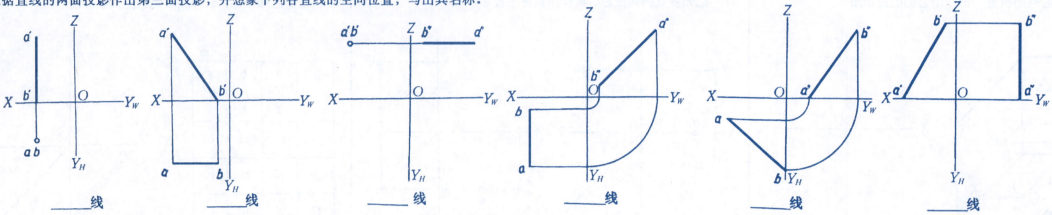

_____线　_____线　_____线　_____线　_____线　_____线

2. 求直线AB的实长，并求其对H面的倾角α，和对V面的倾角β。

3. 试过点A作长度为45mm、β = 30°的水平线AB。

4. 在已知线段AB上求一点C，使AC:CB=1:2，并作出点C的投影。

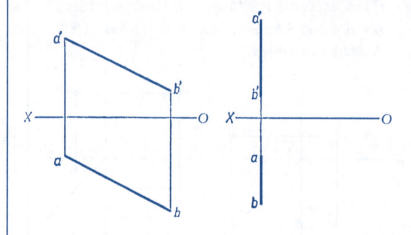

5. 已知线段L上有一点A，试在L线上取B点，使AB = 25。

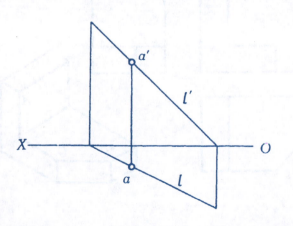

6. 试求直线AB的正面投影，已知a、a'及b，且α = 30°。

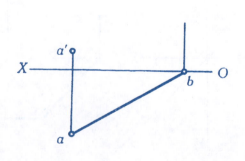

7. 已知正三棱锥的三面投影图，试回答下列问题。

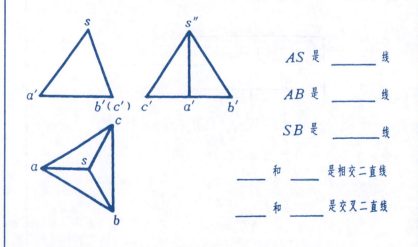

AS 是 _____ 线

AB 是 _____ 线

SB 是 _____ 线

_____ 和 _____ 是相交二直线

_____ 和 _____ 是交叉二直线

直线的投影(二) 9

1. 判断两直线的相对位置。对交叉两直线用投影连线及符号来判别重影点（要分出可见点、不可见点）。

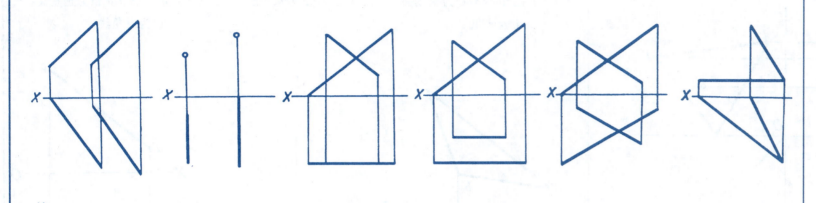

答：＿＿＿　＿＿＿　＿＿＿　＿＿＿　＿＿＿　＿＿＿

2. 试在距离 H 面 15mm 处，引一条水平线与已知的平行二直线 AB、CD 相交。

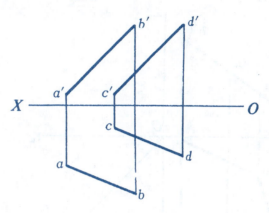

3. 试作一直线平行于投影轴，并与二直线 AB、CD 相交。

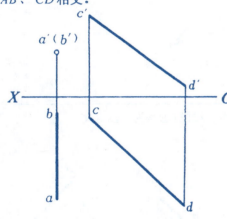

4. 在 AB 上求一点 K，使 K 点距 H、V 面的距离相等。

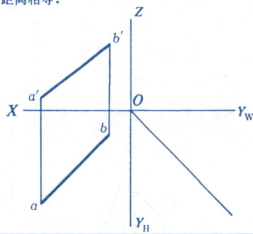

5. 试作一直线与 CD、EF 相交，并与直线 AB 平行。

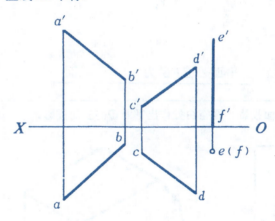

6. 试过 A 点作一正平线 AD，使其与已知直线 BC 相交。

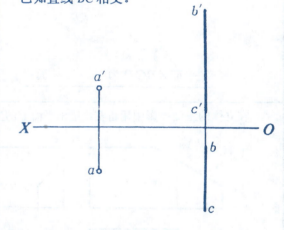

7. 过点 M 作直线 MN 与 AB 垂直相交于 N，且求 MN 的实长。

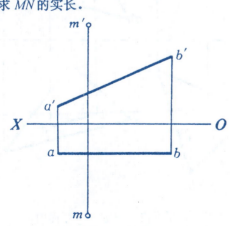

8. 求点 M 到直线 AB 的距离。

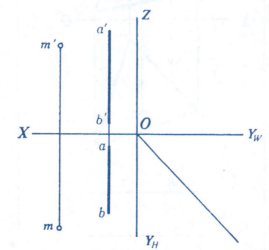

9. 判别两直线在空间的相对位置。

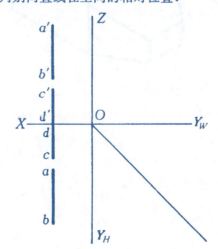

10. 作交叉二直线 AB、CD 的公垂线。

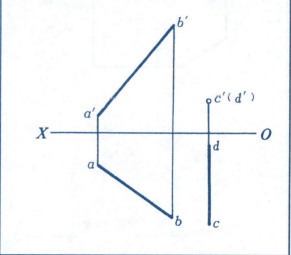

平面的投影(一)   10

1. 已知平面 ABCD 和 △EFG 及平面上点 K 的两投影，完成第三投影，并判别平面对投影面的相对位置．

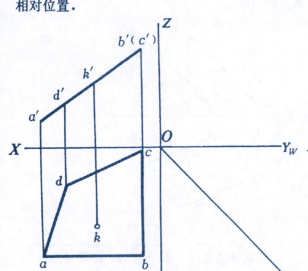
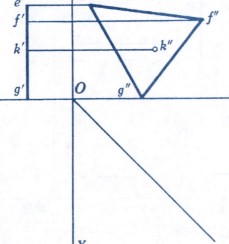

平面 ABCD 为 _____ 面　　　　平面 △EFG 为 _____ 面

2. 完成下列平面图形的两投影．

（1）已知 △ABC 为铅垂面 且 $\beta = 30°$．　　（2）△DEF 为水平面．　　（3）正方形 ABCD 为正垂面 AC 为对角线．

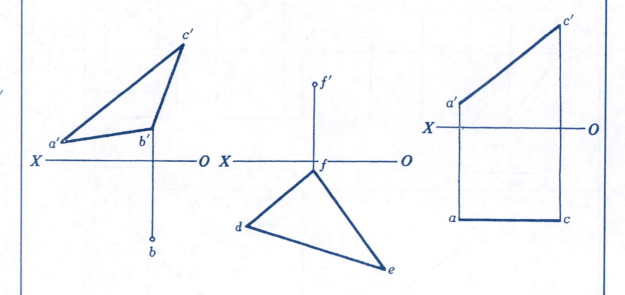

3. 在立体的三面投影中用粗实线描出平面 P 的三面投影；在空白处作出平面 Q 的三面投影．

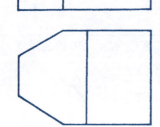

P 是 _____ 面，Q 是 _____ 面．

4. 判断点 K、L 是否在 △ABC 平面上．

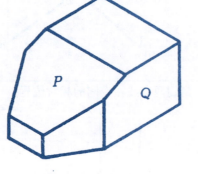

点 K _____

点 L _____

5. 判别 K 点和线段 DE 是否在 △ABC 平面内．

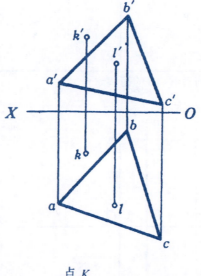
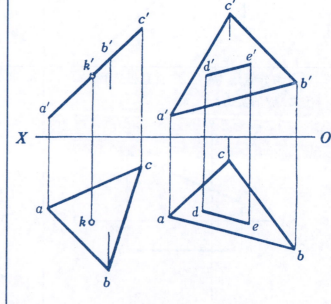

K 点 _____ 平面内，DE _____ 平面内．

平面的投影(二) | 班级　　学号　　姓名 | 11

1. 已知平面的两个投影，试判断该平面与投影面的相对位置。

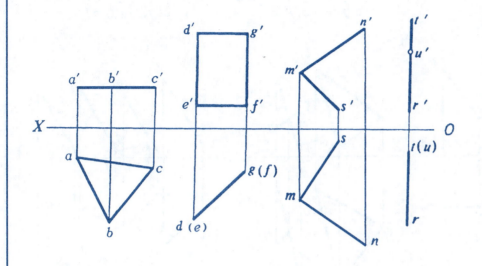

ABC 是 _____ 面；　　　　MNS 是 _____ 面；

DEFG 是 _____ 面；　　　　RUT 是 _____ 面。

2. 完成平面内 A 字的水平投影。

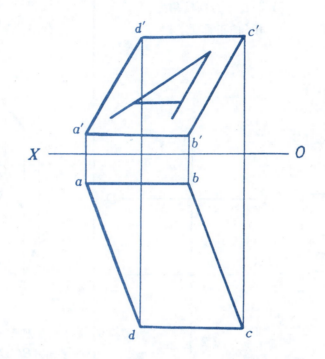

3. 在平面 ABCD 上取点 K，使其距 V 面 25mm，距 H 面 15mm。

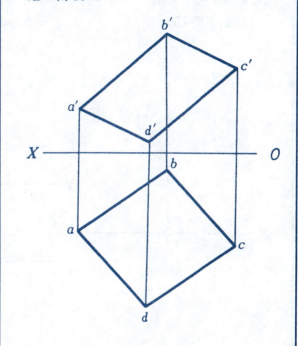

4. 过已知直线作平面（用迹线表示），并讨论。

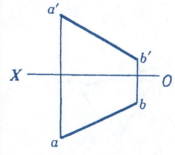

（1）作铅垂面　　（2）作正垂面　　（3）作铅垂面

讨论：

（1）过一般位置直线　　（2）过正平线　　（3）过铅垂线

是否可作　正垂面（　）　　是否可作　侧垂面（　）　　是否可作　正垂面（　）

　　　　　侧垂面（　）　　　　　　　铅垂面（　）　　　　　　　水平面（　）

　　　　　正平面（　）　　　　　　　正平面（　）　　　　　　　侧垂面（　）

　　　　一般位置平面（　）　　　　一般位置平面（　）　　　　一般位置平面（　）

5. 求△ABC 与 V 面所成倾角的实际大小。

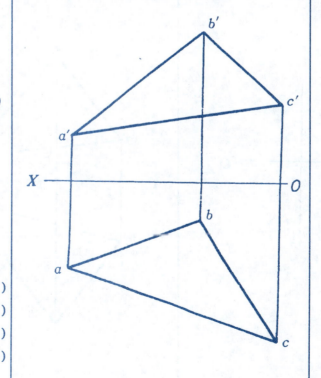

6. 完成正方形 ABCD 的两面投影。

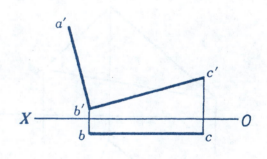

圆的投影；直线与平面、平面与平面的相对位置

1. 试作出直径为30mm，圆心为O的圆的两面投影。

（1）圆平行于V面，距V面15mm。

（2）圆平行于H面，距H面为15mm。

（3）圆在与H面倾角为45°的正垂面上。

2. 判断直线与平面、平面与平面是否相互平行。

（1） $a'b'c'd' // e'f'$
$ef // OX$

（2） $b'c' // d'e'$; $a'b' // f'g'$
$bc // de$; $ab // fg$

（3） $a'b' // c'd' // e'f' // g'h'$
$ab // cd // ef // gh$

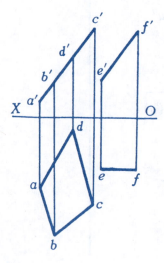
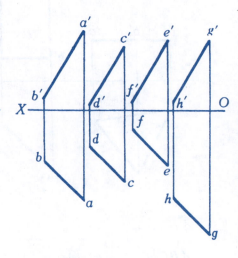

直线EF与平面ABCD _____

平面ABC与平面DEXFG _____

AB//CD平面与EF//GH平面 _____

3. 过K点作一直线平行于△ABC和V面。

4. 已知平面P（AB//CD）平行于△EFG，试完成平面P的投影。

5. 已知△ABC与△DEF平行（$d'e' // b'c'$）试补全△DEF的H投影。

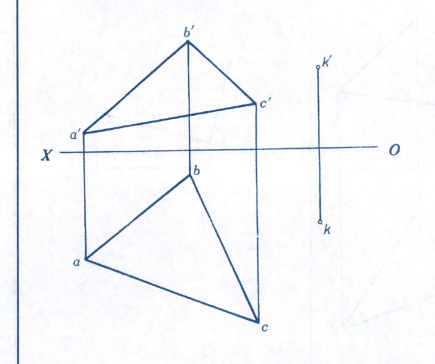
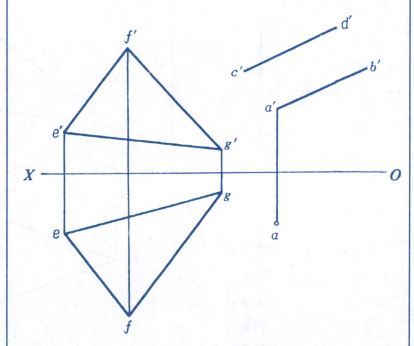
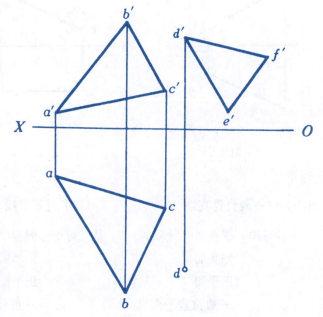

直线与平面、平面与平面的相对位置 (一)

1. 求作各题中直线与平面的交点，并判别可见性。

(1)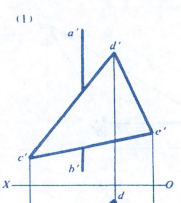
(2)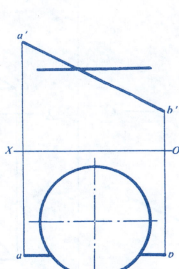
(3)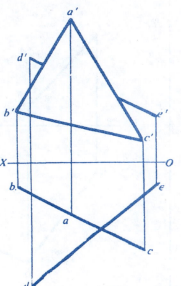
(4)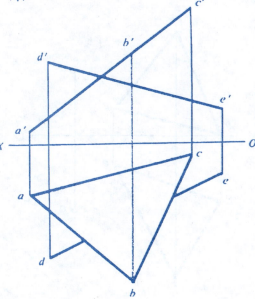

2. 作 △ABC 和矩形 DEFG 的交线，并判别可见性。

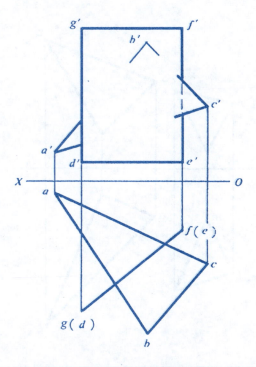

3. 求作两题中直线与平面的交点，并判别可见性。

(1)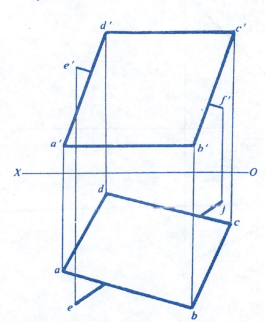
(2)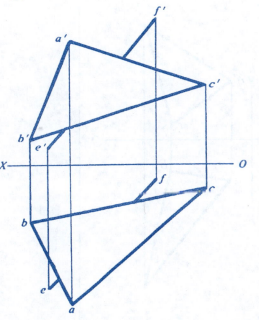

4. 判断 MN 是否垂直于 △ABC。

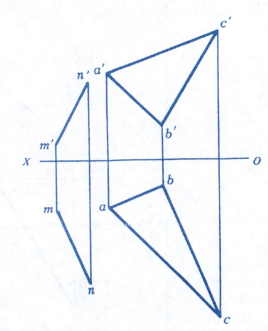

5. 过点 M 作一直线垂直已知平面。

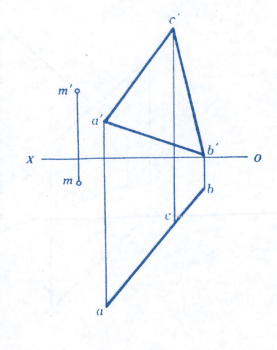

直线与平面、平面与平面的相对位置(二) | 14

1. 判断 △LMN 是否垂直于 △ABC

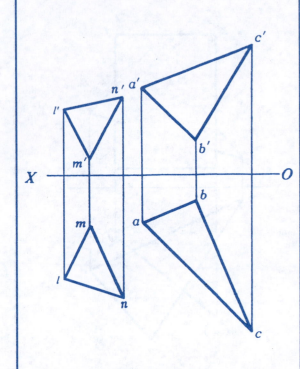

2. 过点 A 作正垂面 ABC 并同时垂直于平面 △DEF

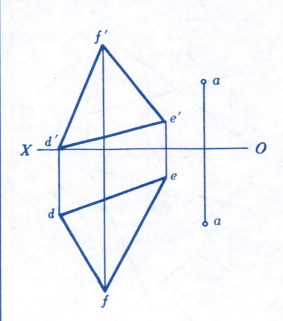

3. 已知两直线 AB、BC 垂直相交，求 BC 的 V 面投影

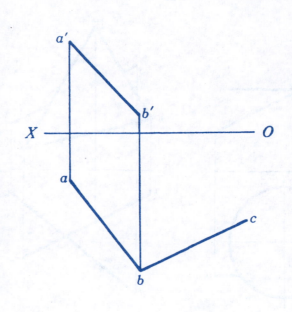

4. 过平面内点 K 作平面的垂线 KL，并取 KL = 30mm。

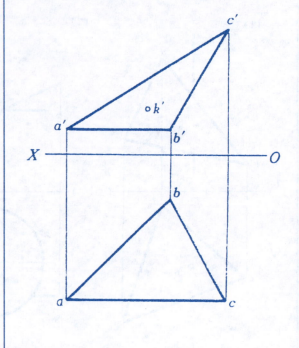

5. 过点 K 作直线与交叉二直线 AB、CD 相交。

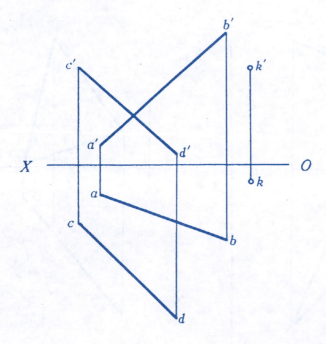

6. 过点 K 作直线平行于 △ABC，并与直线 MN 相交。

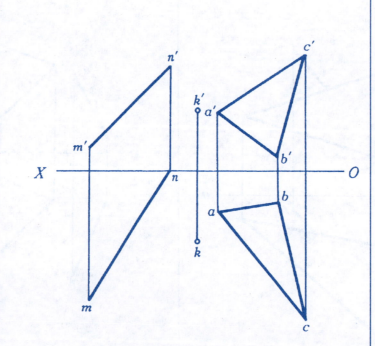

7. 完成平行四边形 ABCD 的两面投影。已知 AB 边的两投影；BC 边为水平线，长 40mm，方向向右向后，$\beta = 30°$。

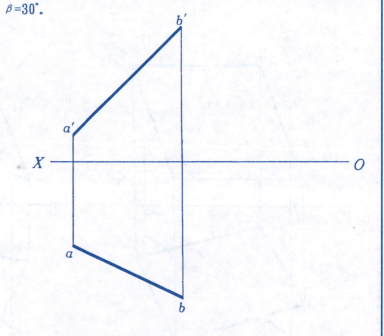

投影变换 | 班级　学号　姓名 | 15

1. 用换面法求直线 AB 的实长及其对 H 面、V 面的倾角 α、β。

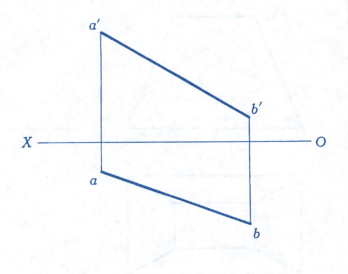

2. 用换面法求点 M 到平面 ABCD 的距离，并确定垂足的投影。

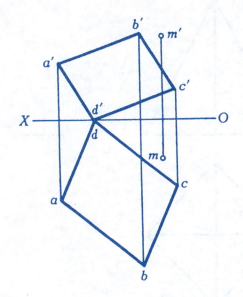

3. 用换面法求 △ABC 与 △ABD 的夹角。

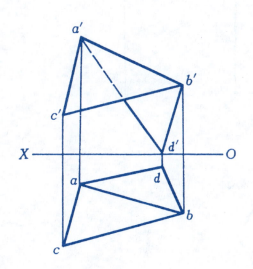

4. 用换面法补全以 AB 为底边的等腰三角形 ABC 的水平投影。

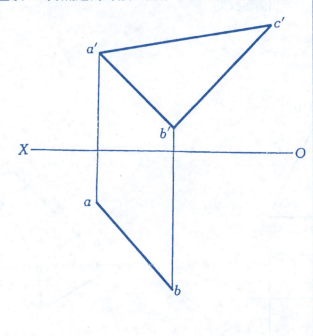

5. 用换面法求交叉二直线 AB、CD 的最短距离及其投影。

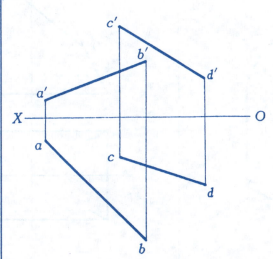

6. 用垂直轴旋转法求线段的实长及对投影面的夹角。
　　（1）求 α　　（2）求 β

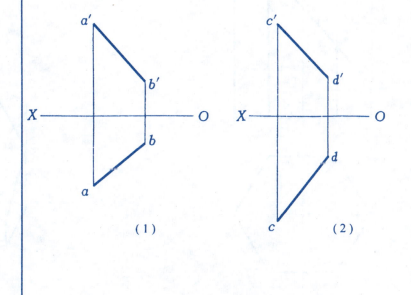

（1）　　（2）

补画立体的第三投影以及各点的三面投影 | 班级 学号 姓名 | 16

1.
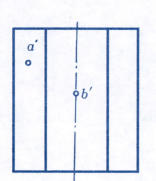

2.
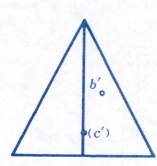

3.
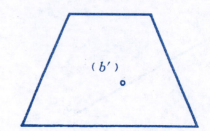

4. 完成截头六棱柱的水平投影，并画出侧面投影。
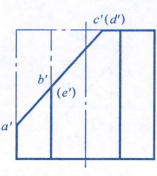
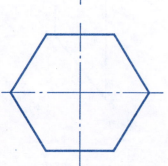
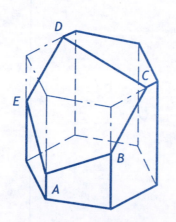

5. 完成截头四棱柱的水平投影，并画出侧面投影。
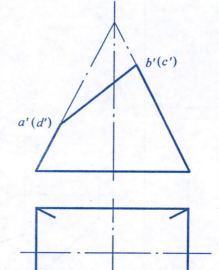
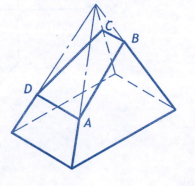

曲面立体表面取点、线

1. 求作曲面立体表面上点及线段的投影。

(1)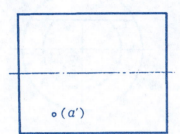

(2)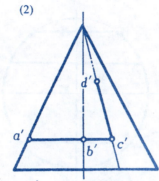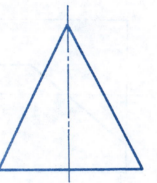

(3)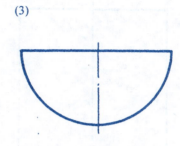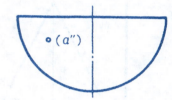

(4)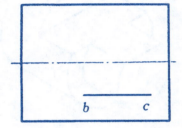

2. 补全曲面立体的投影。

(1)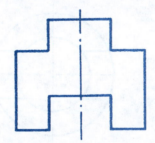

(2)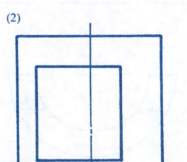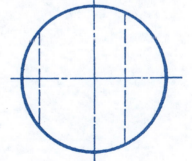

补全曲面立体的投影（一）

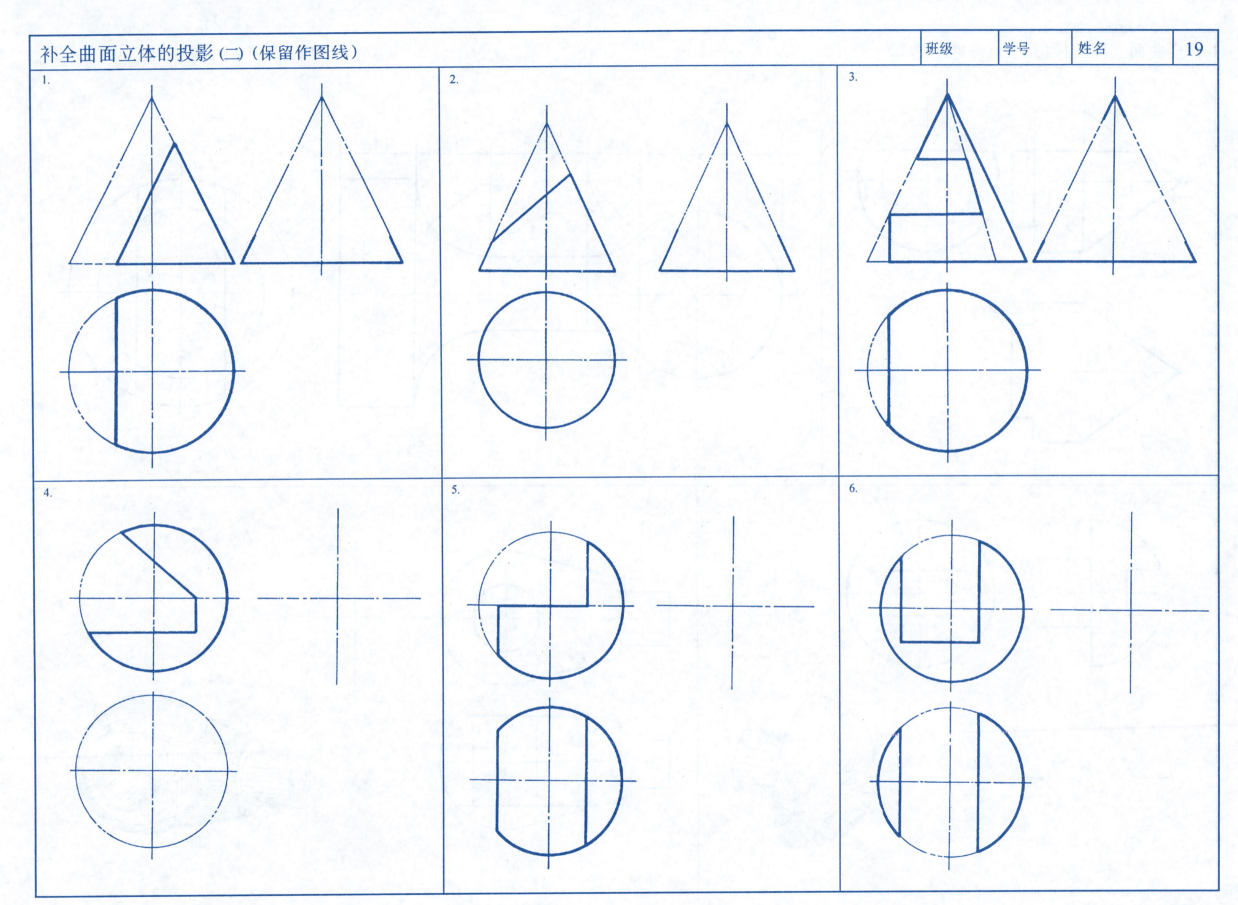

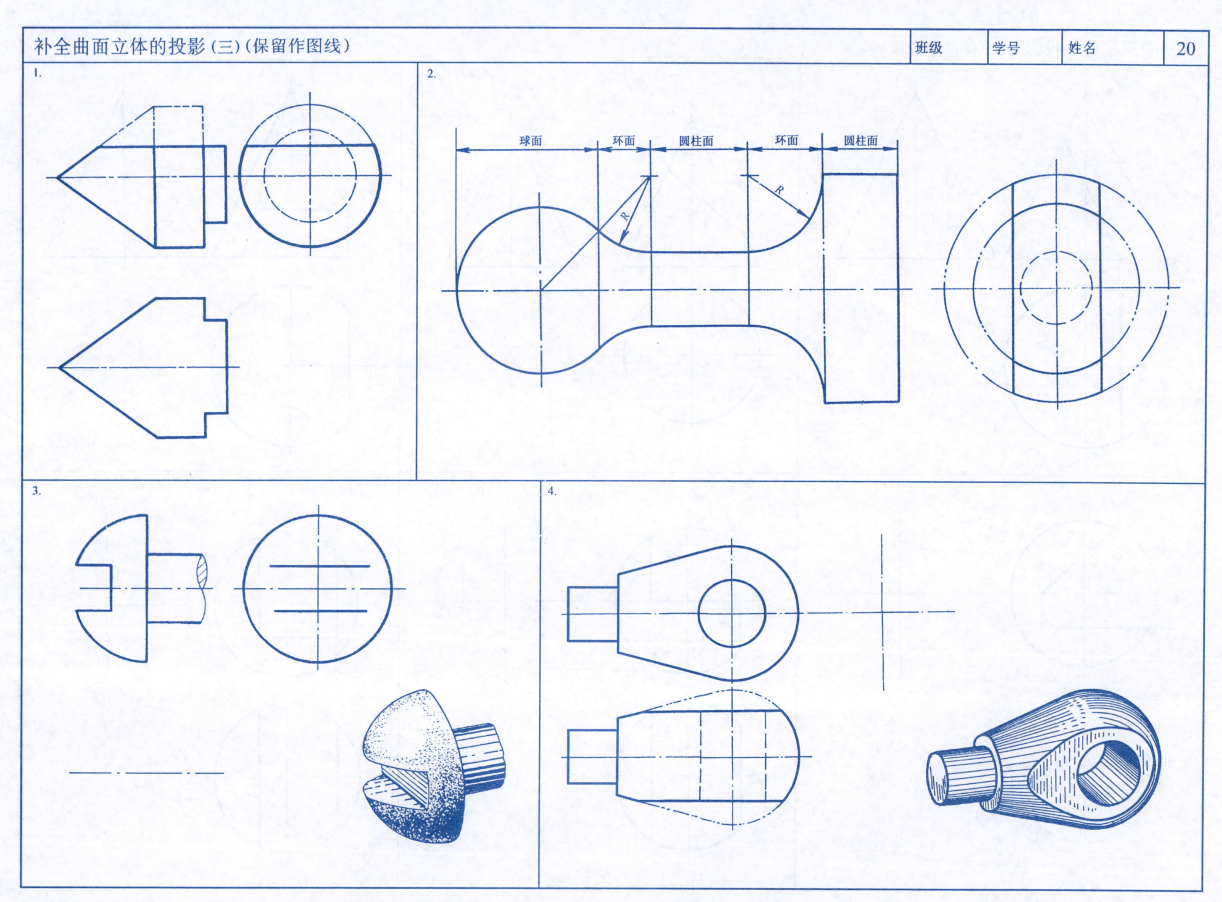

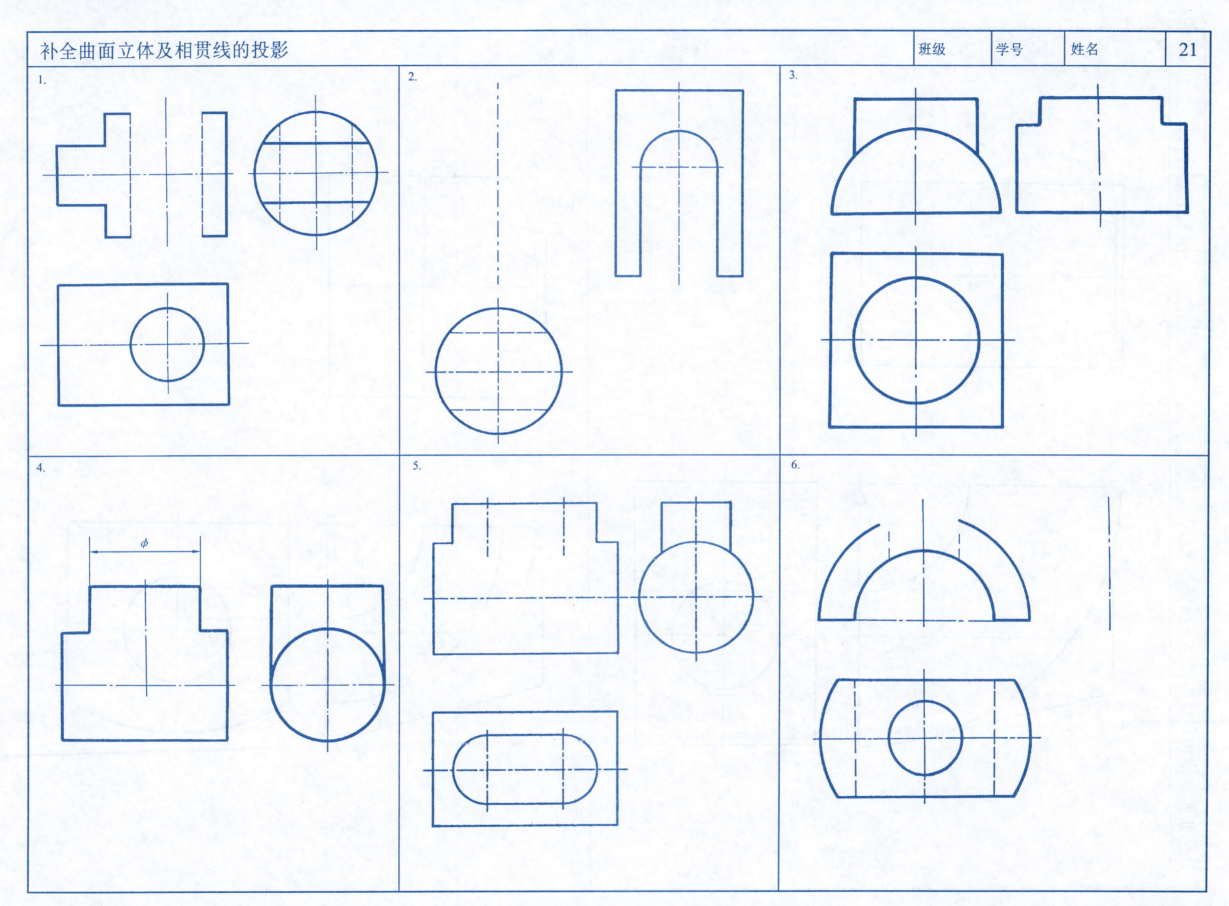

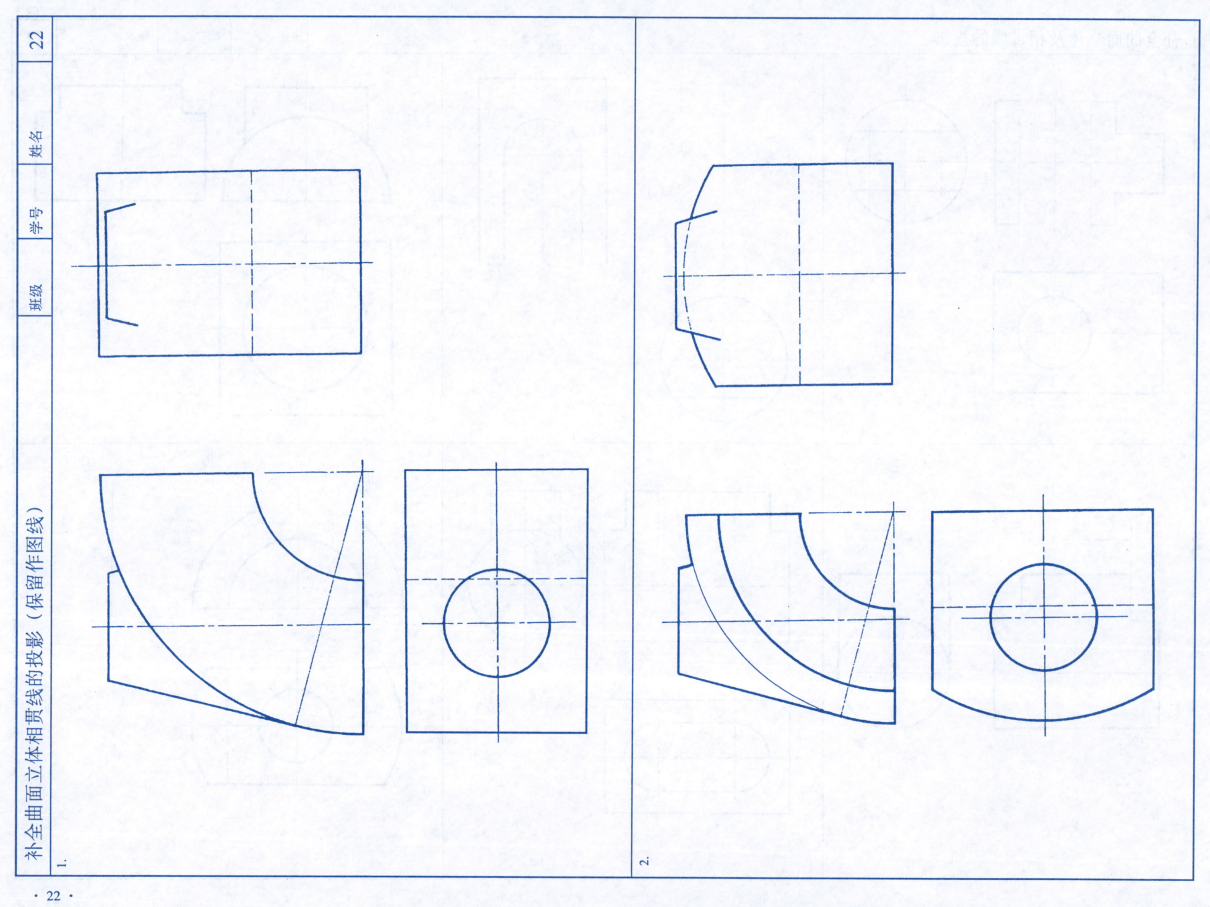

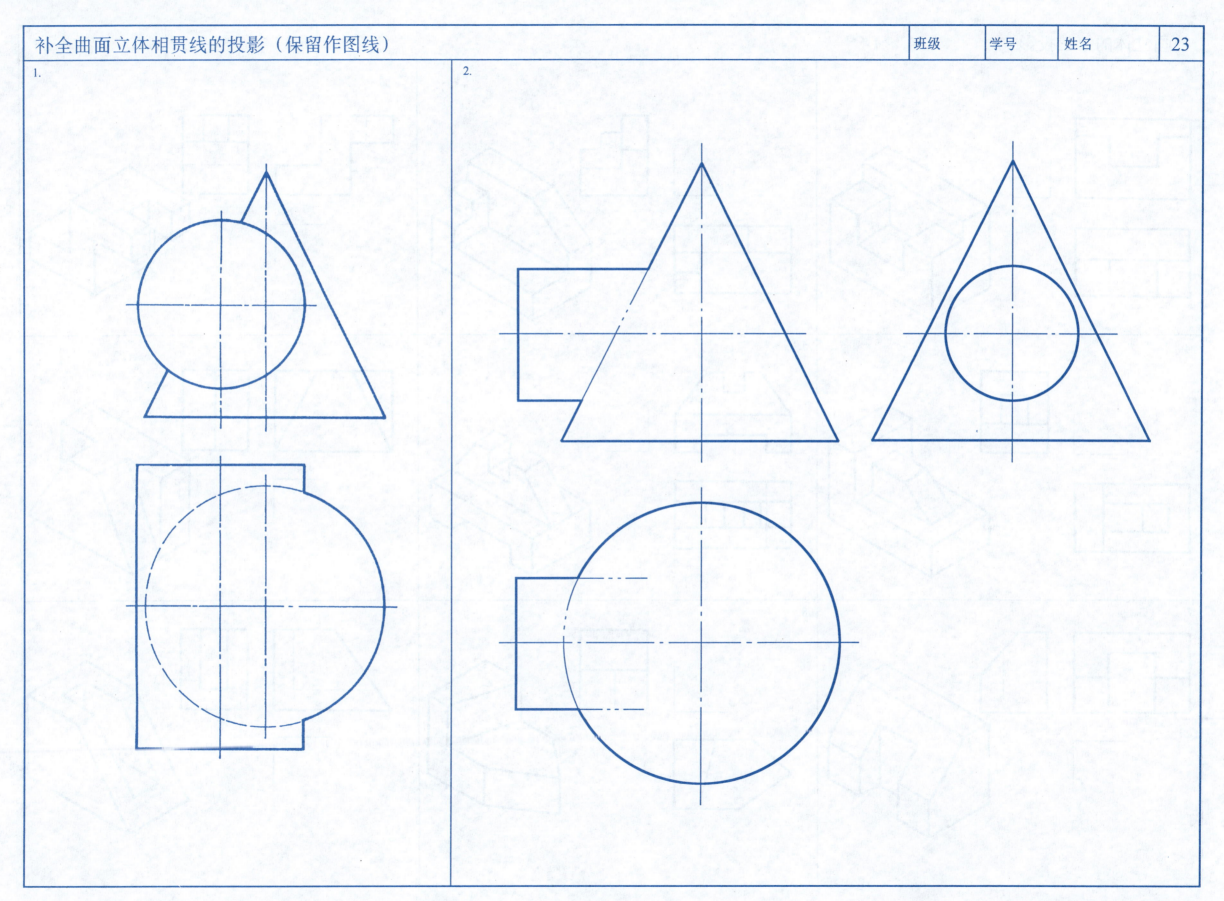

补画立体的第三投影

根据轴测图画出三视图，并进行比较

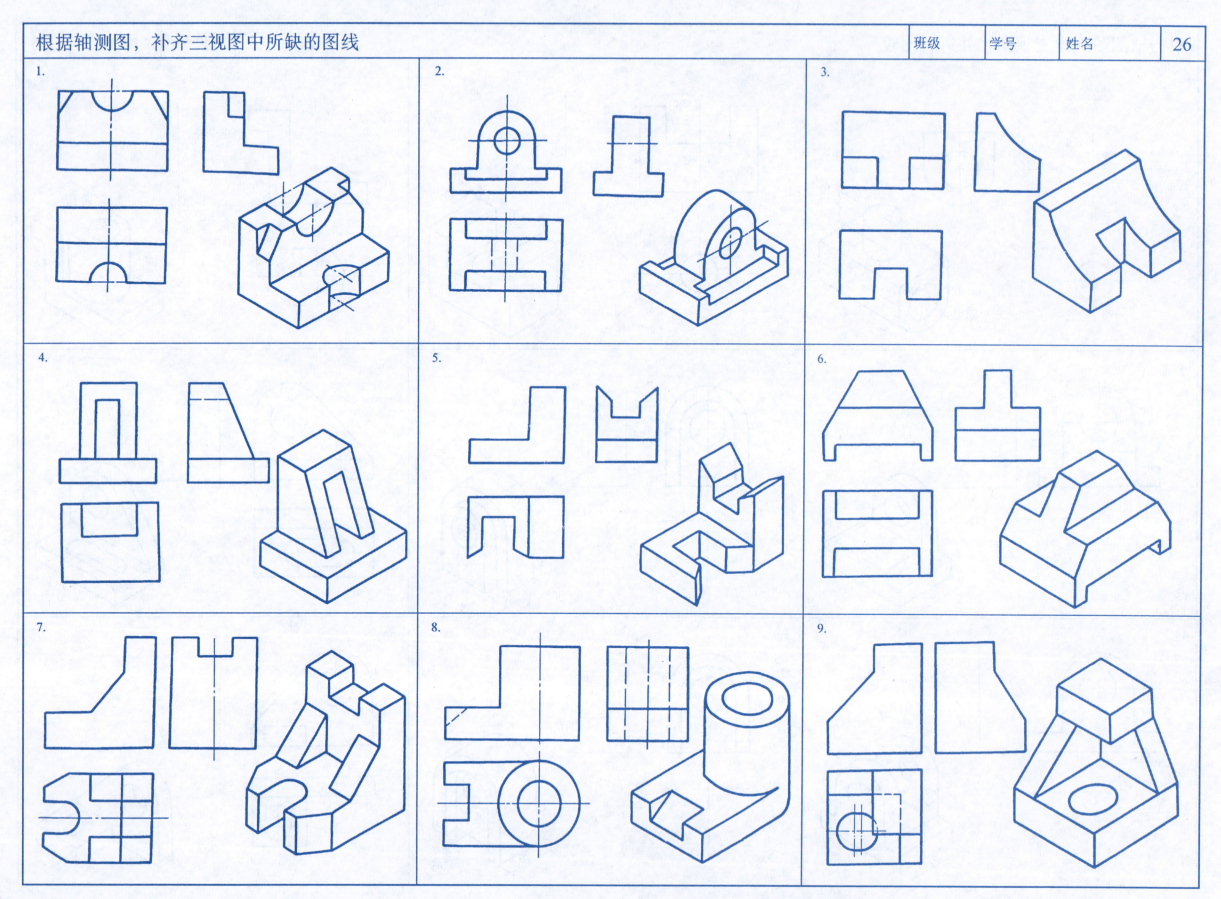

根据轴测图上所给的尺寸，用1:1的比例画出组合体的三视图

班级　学号　姓名　27

1. 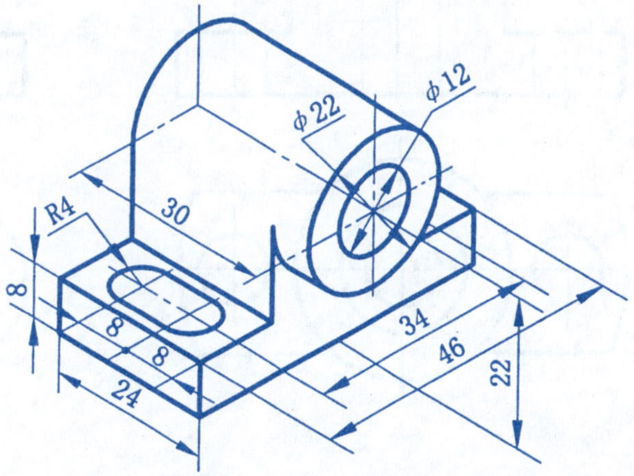
2. 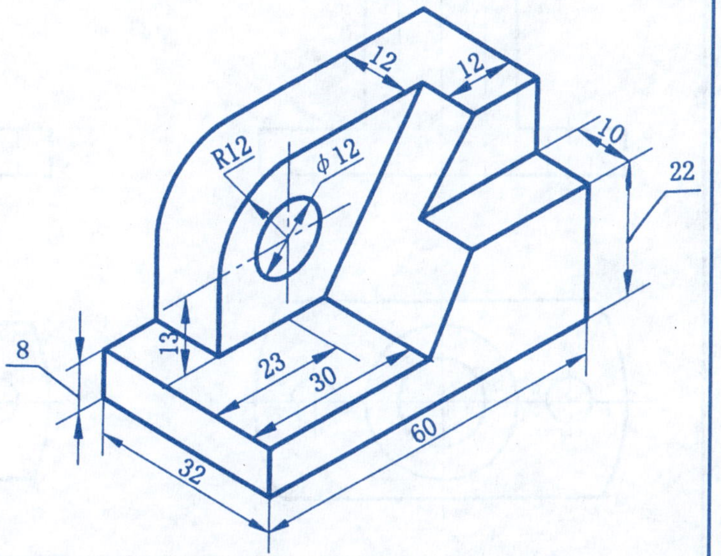
3. 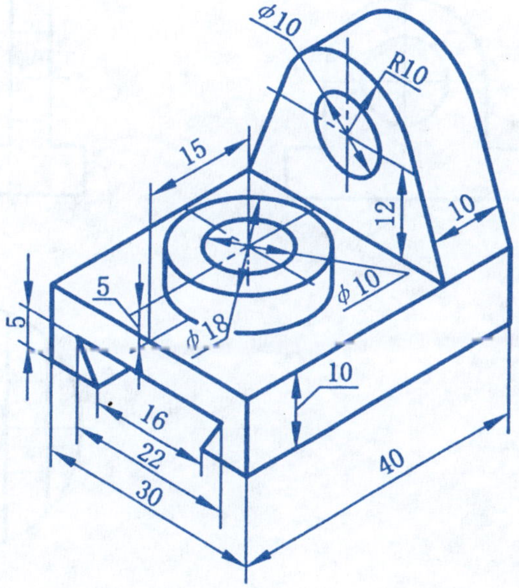
4.

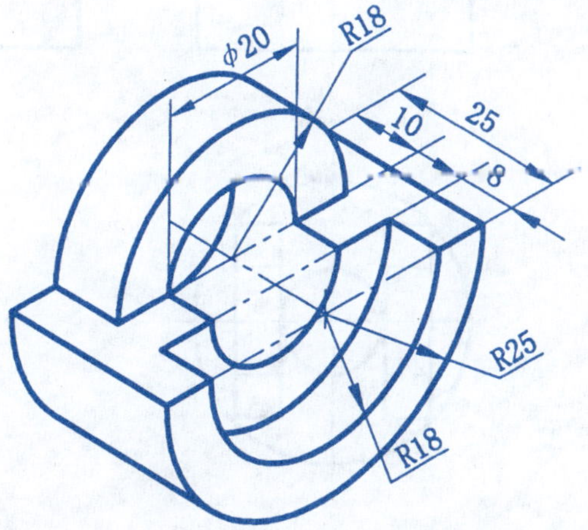

补全视图中所缺图线

1. 补全主视图

(1)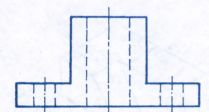

(2)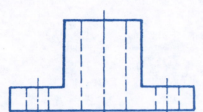

(3)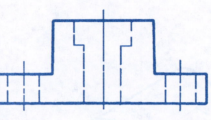

(4)

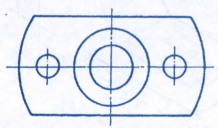

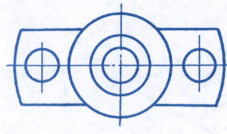

2. 补全左视图

(1)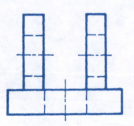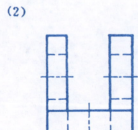

(2)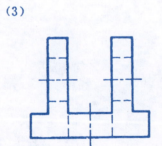

(3)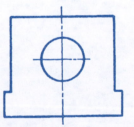

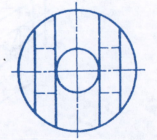

补画第三视图（一）

1.
2.
3.
4.
5.
6.

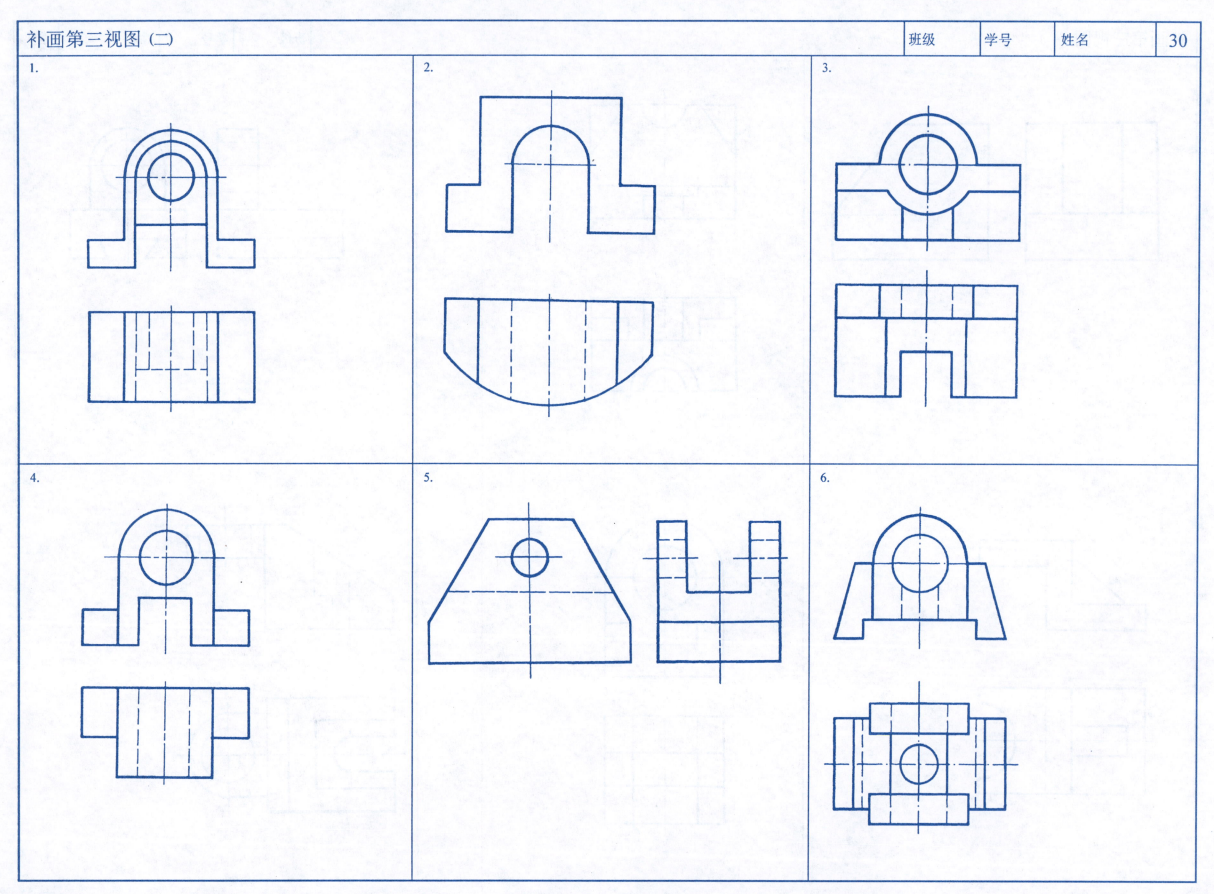

根据已知的视图，构思不同形状的组合体

1. 根据已知的主视图，构思不同形状的组合体，画出另外两个视图

  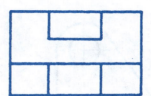 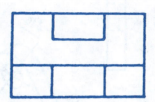

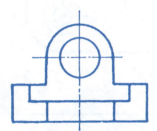 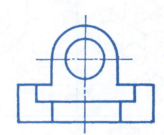  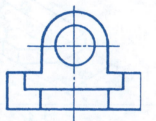

2. 根据已知的视图，构思不同形状的组合体，画出其主视图

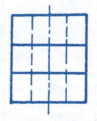 

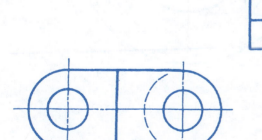 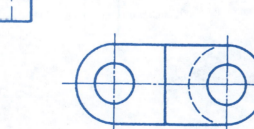 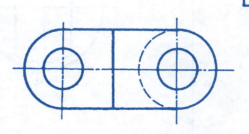

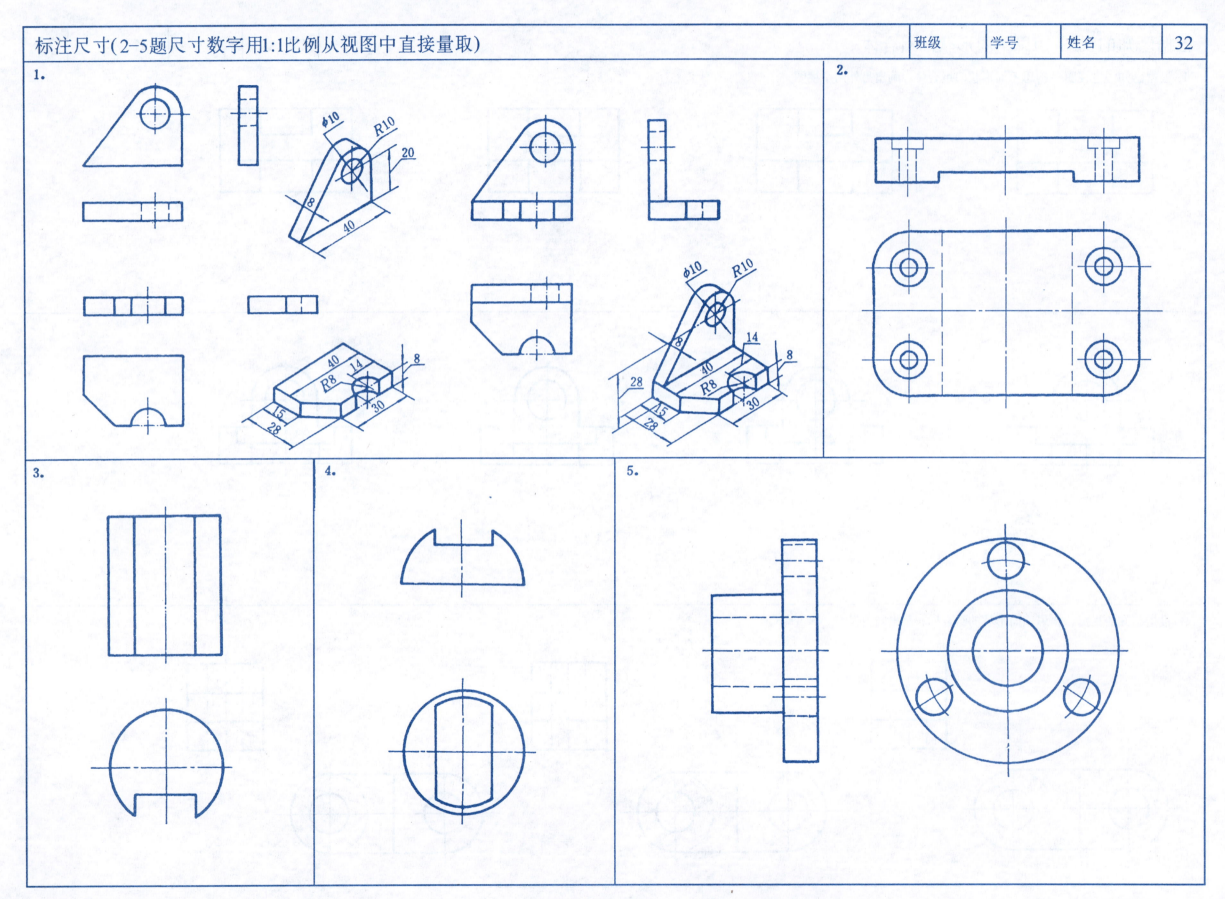

分析下列各题的尺寸标注,并补全缺注的尺寸(尺寸大小从图中量取)

1.

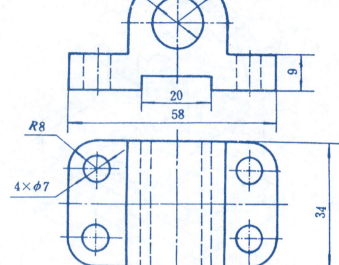

3. 看懂支架三视图，进行尺寸分析，并填空

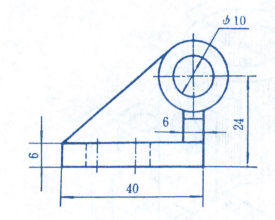 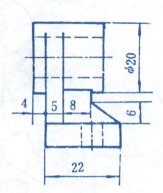

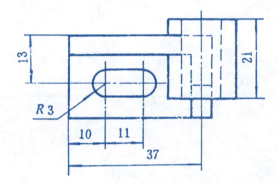

2.

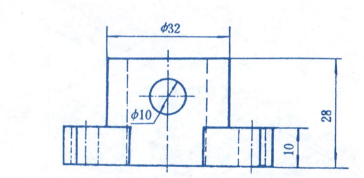

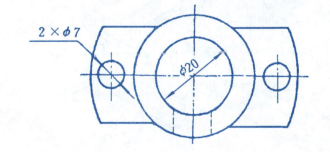

填空：

(1) 圆筒的定形尺寸为___，___和___．
(2) 底板的定形尺寸为___，___和___．
(3) 底板的底面是___方向的尺寸基准．
(4) 底板的左端面是___方向的尺寸基准．
(5) 后支板和底板的后面是共面的，这个面是___方向的尺寸基准．
(6) 圆筒的高度方向定位尺寸是___；宽度方向定位尺寸是___；长度方向定位尺寸是___．
(7) 底板上长腰圆孔的定形尺寸是___和___；定位尺寸是___和___．

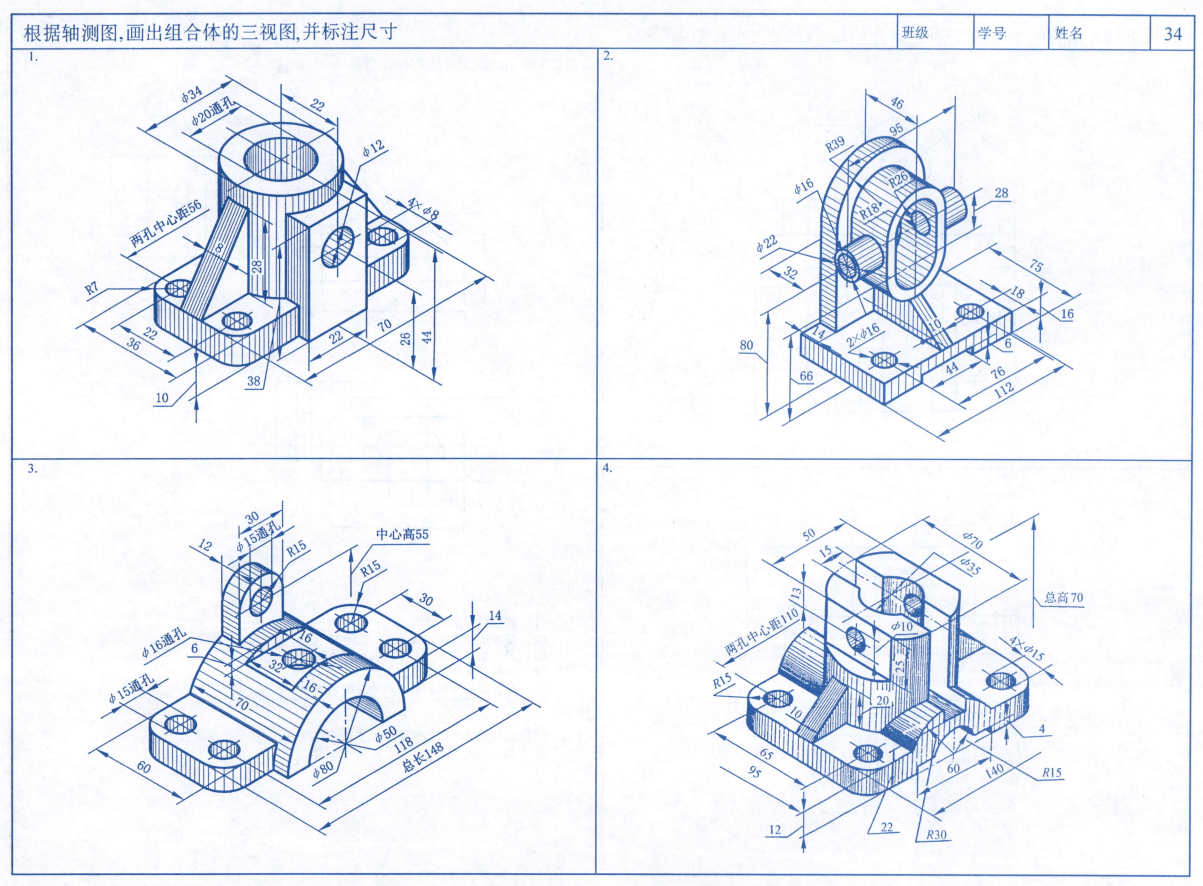

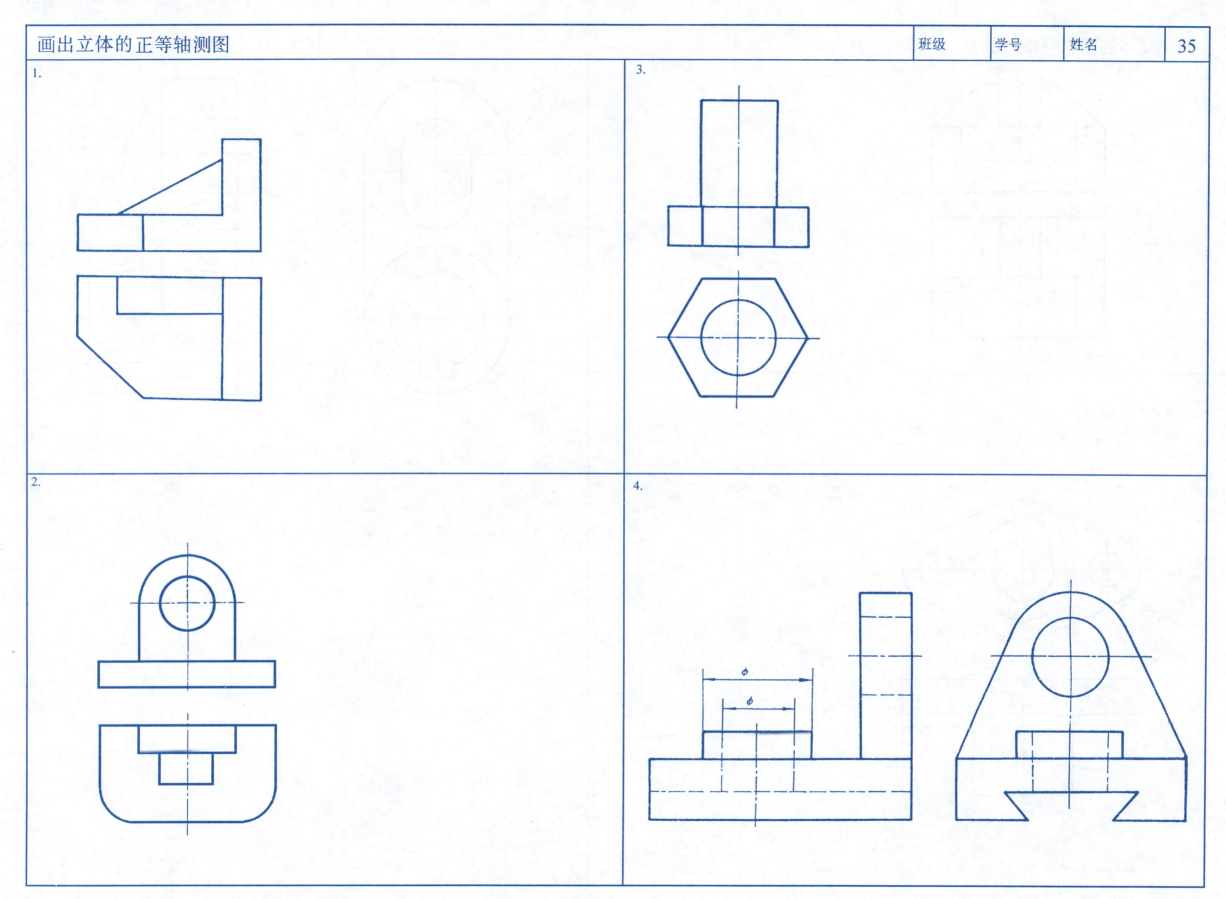

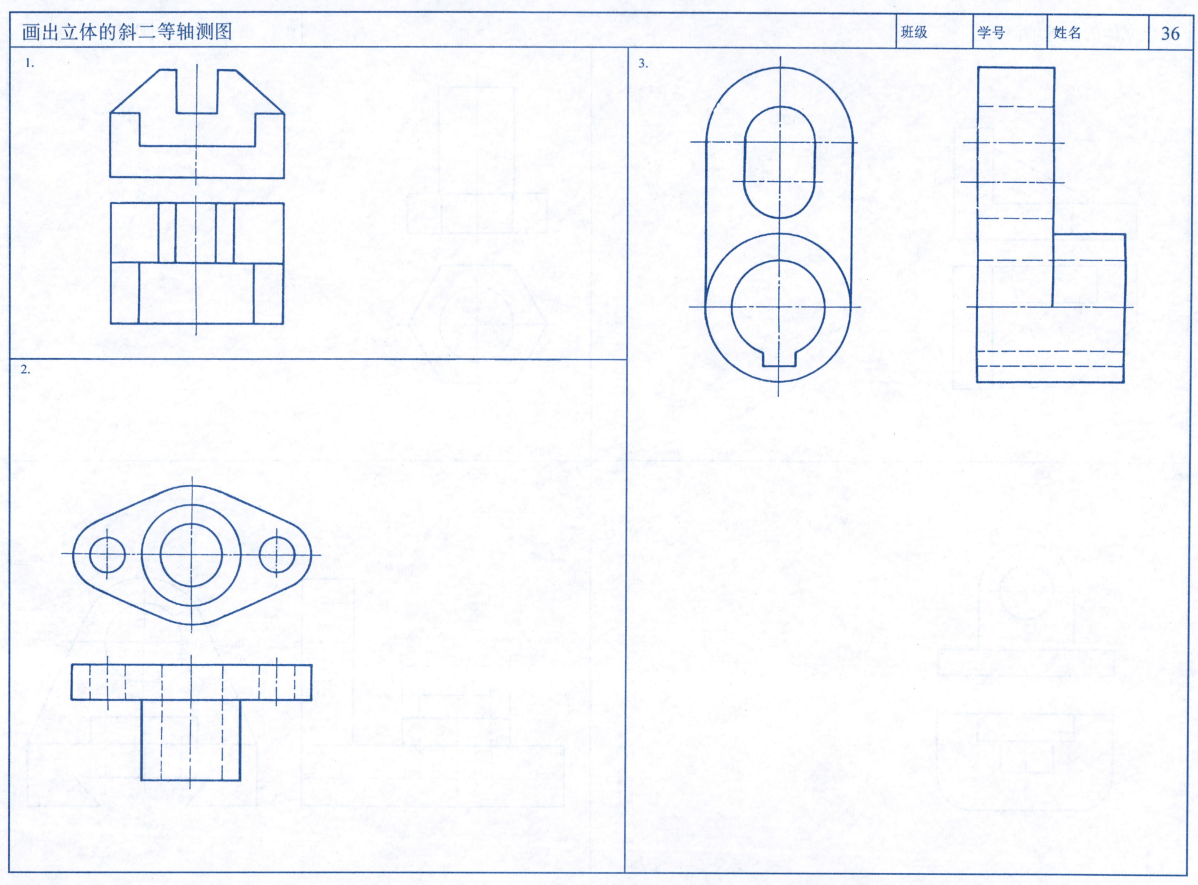

基本视图、斜视图和局部视图

1. 在指定位置作右视图

2. 作A向斜视图

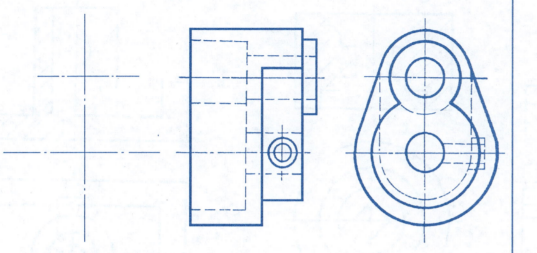
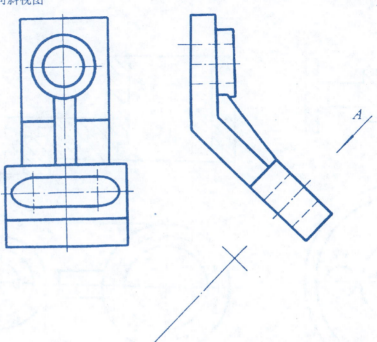

3. 作A向、B向局部视图

4. 画出A向斜视图和B向局部视图

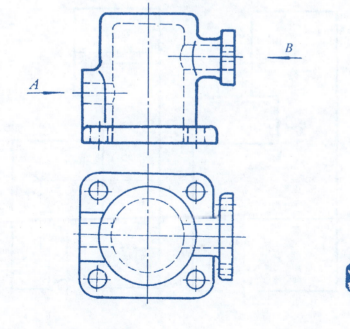
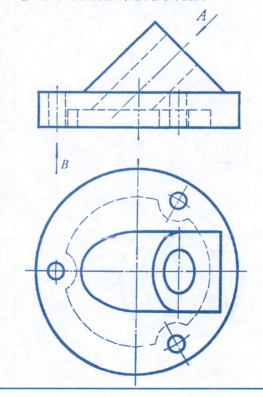

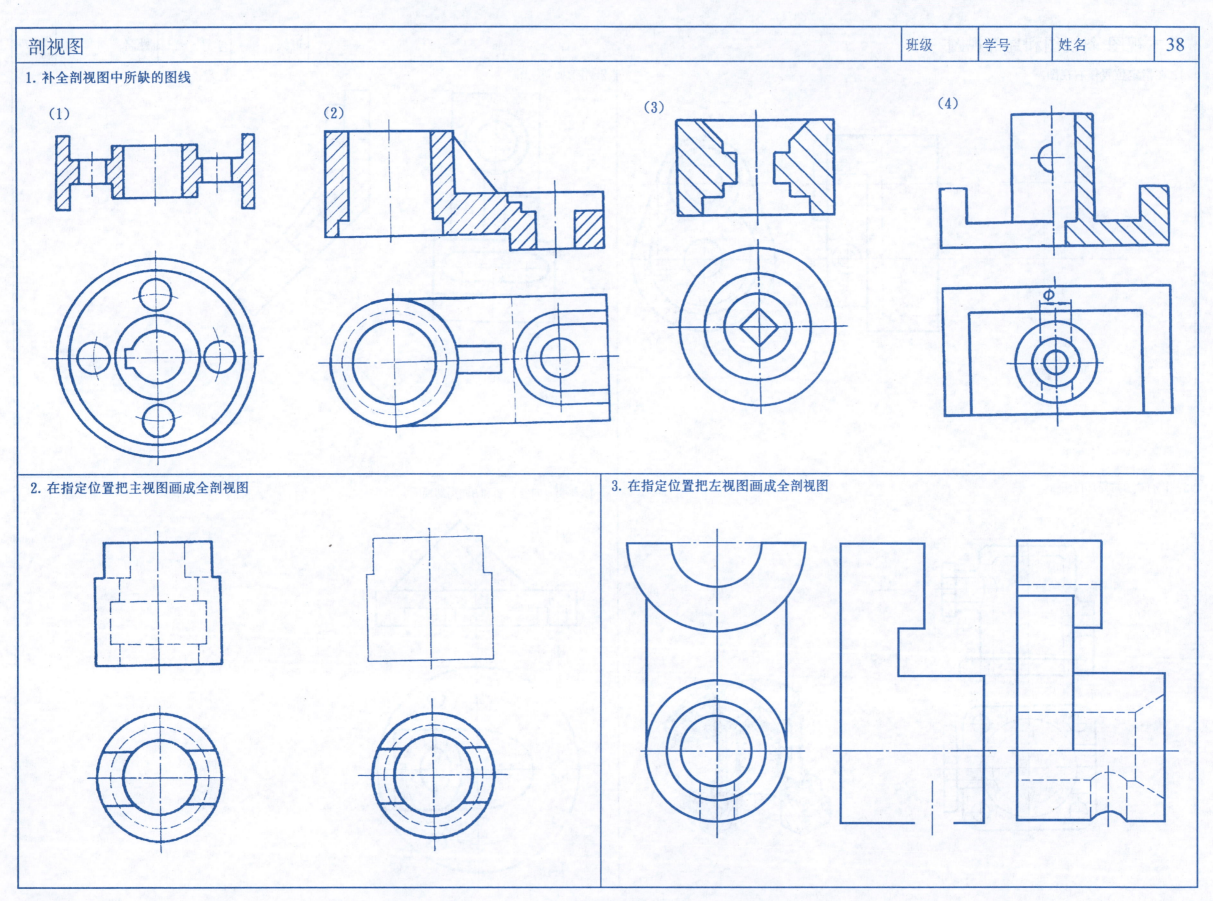

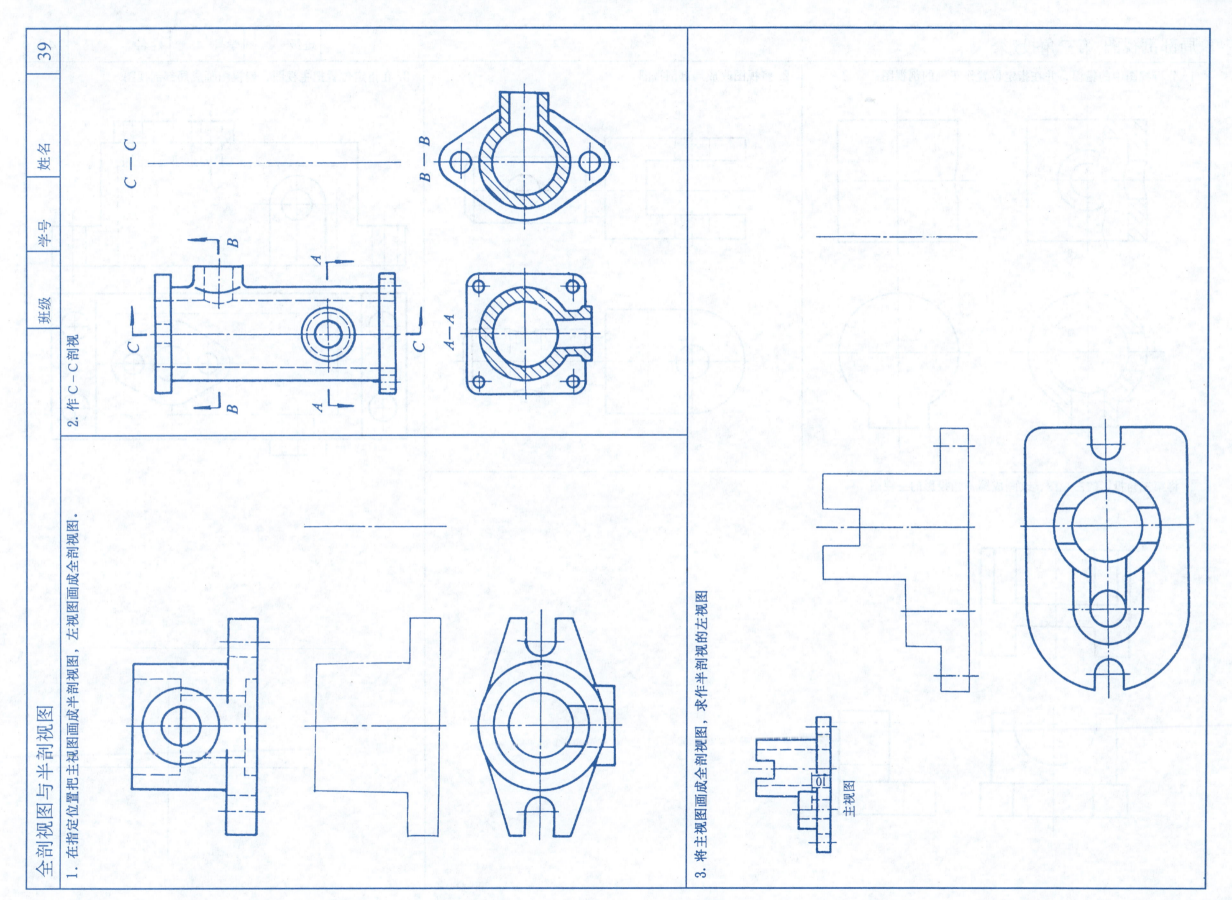

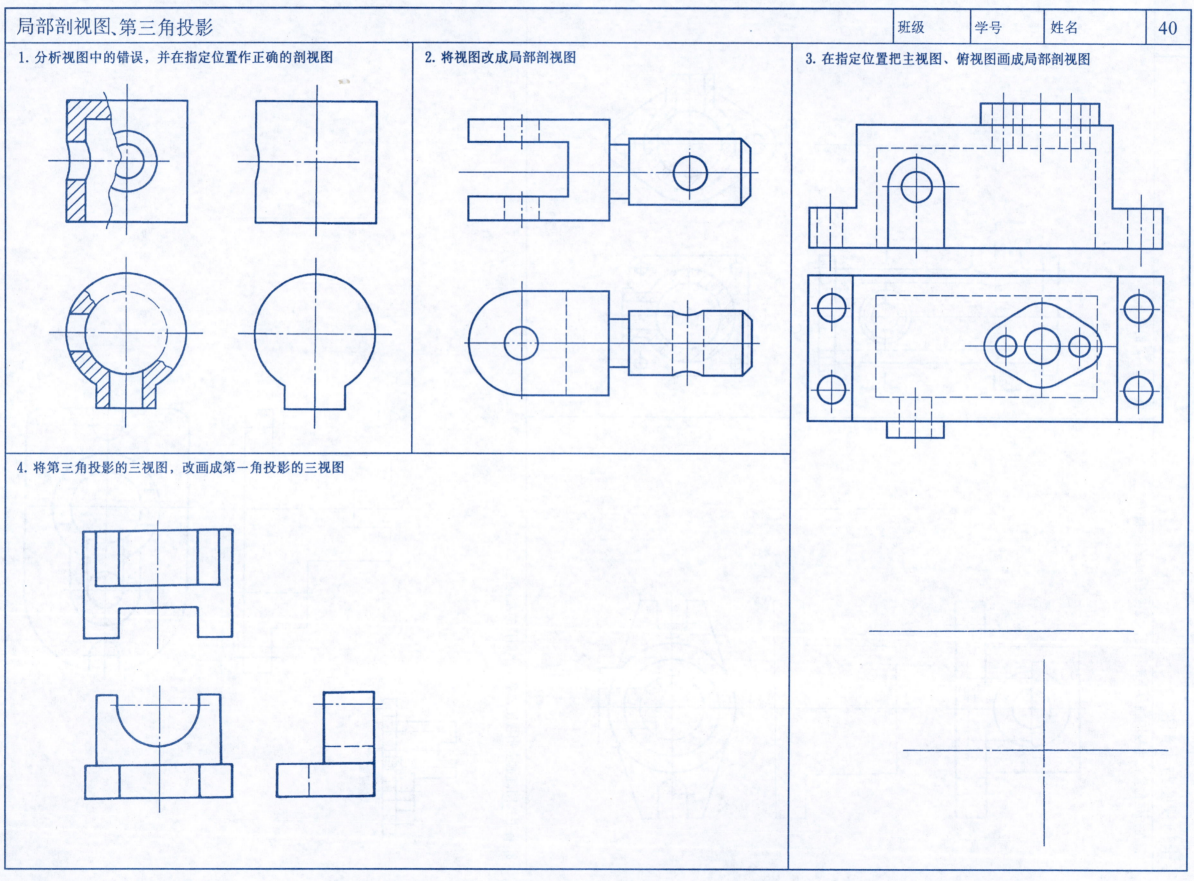

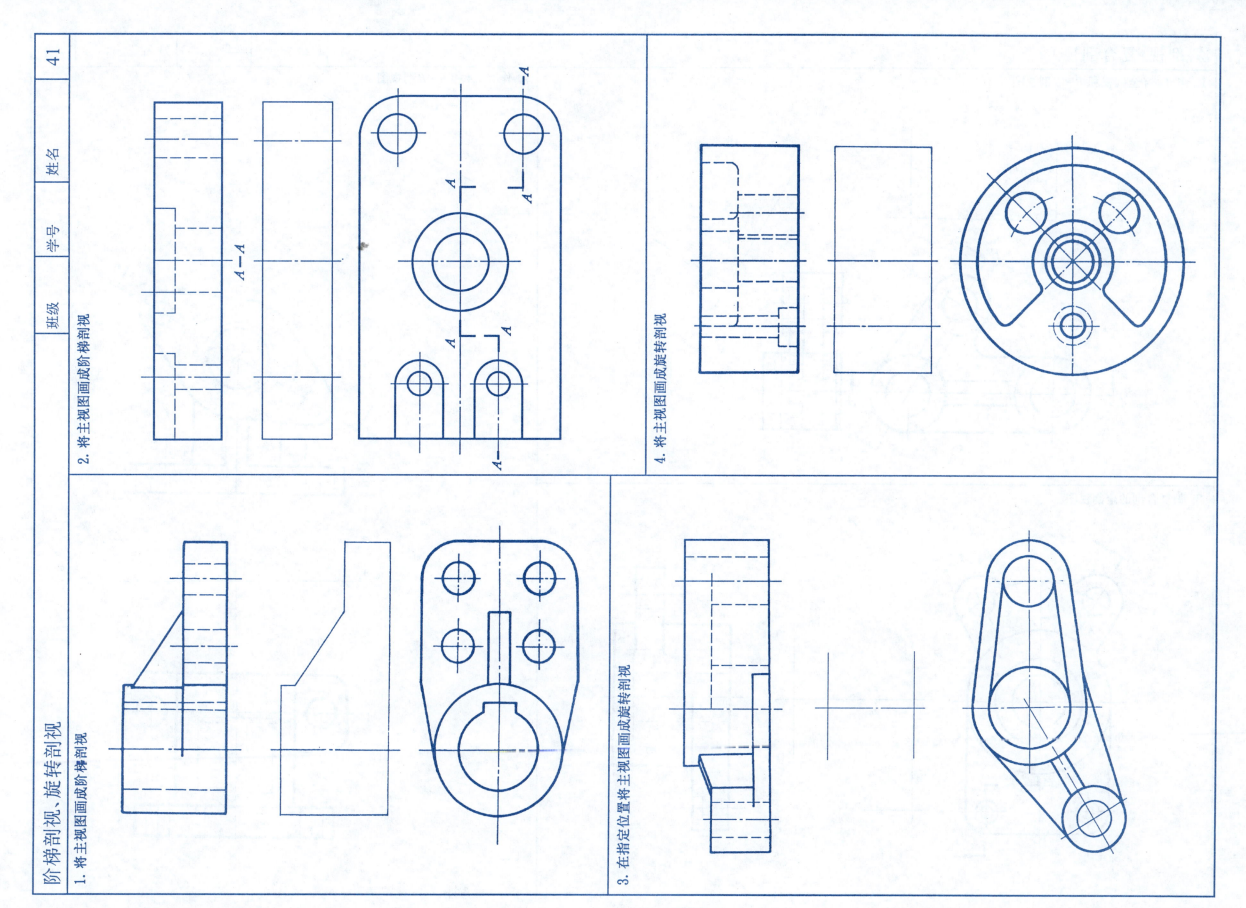

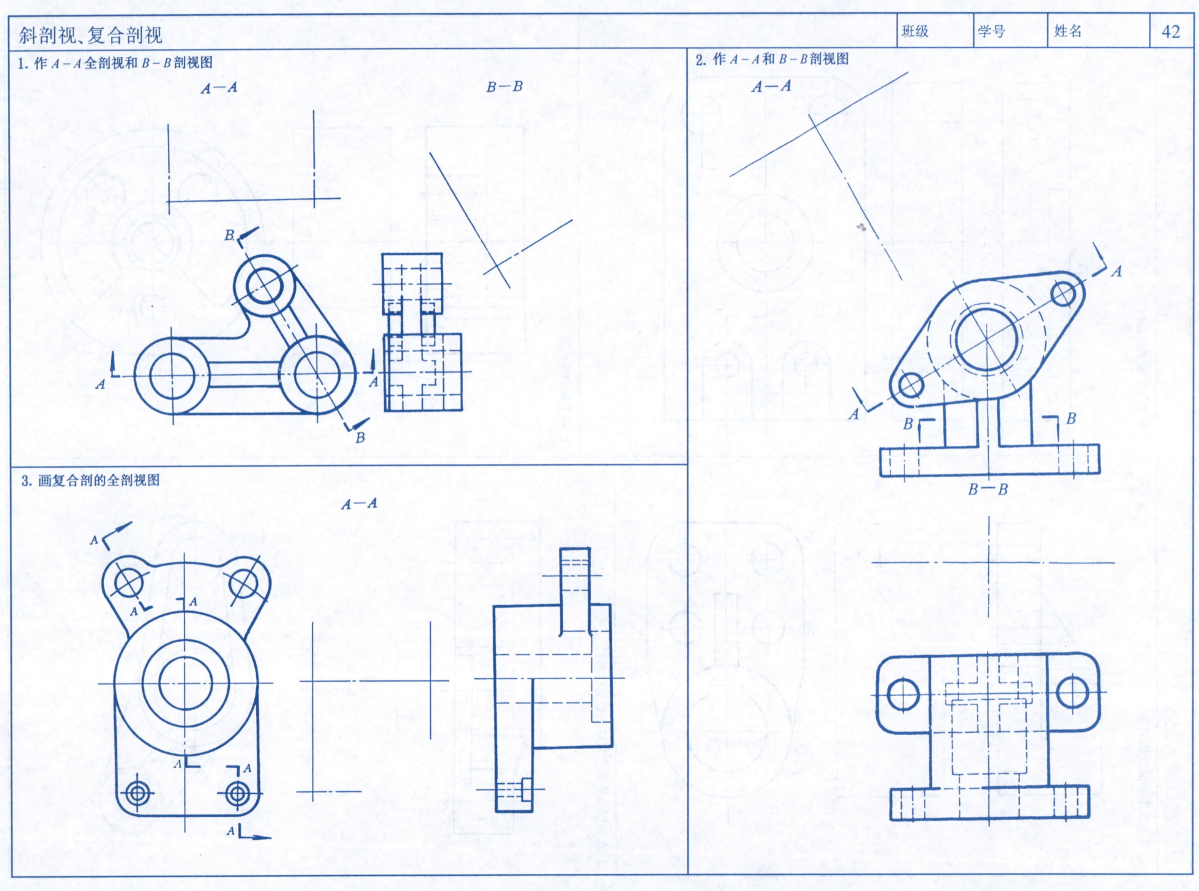

| 复合剖视、剖面图 | 班级　　学号　　姓名 | 43 |

1. 在指定位置将主视图画成复合剖视

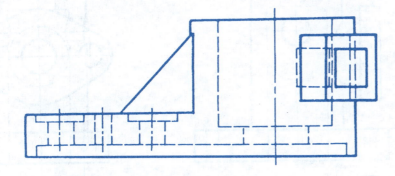

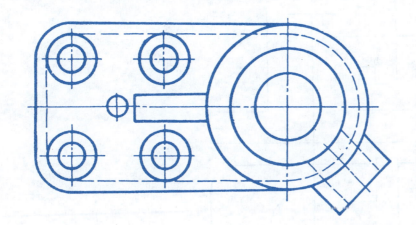

2. 分析剖面图中的错误，并画出正确的剖面图

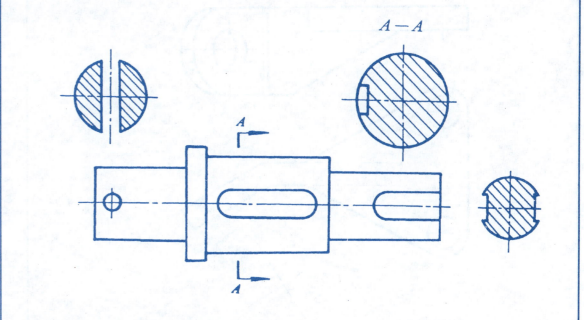

3. 画指定位置的剖面图（右边键槽深为 3.5mm）

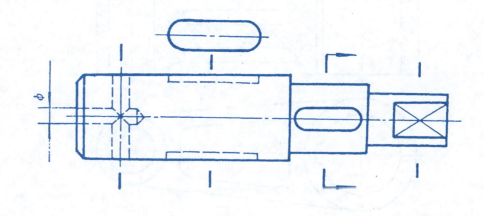

剖面图、综合练习

1. 在指定位置画出重合剖面和 A 向视图

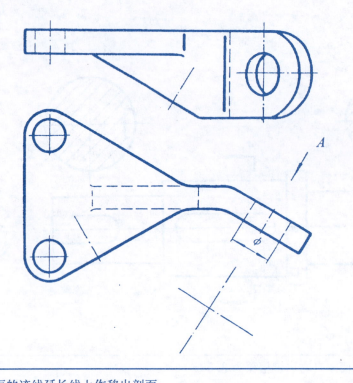

2. 在剖切平面的迹线延长线上作移出剖面

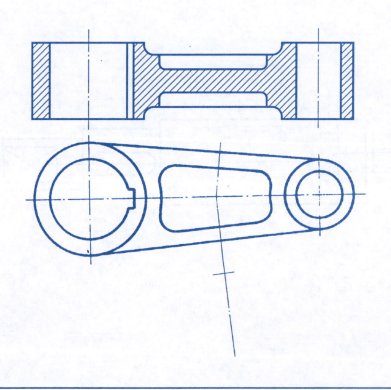

3. 根据已给三视图，选择适当的剖视图及其他视图

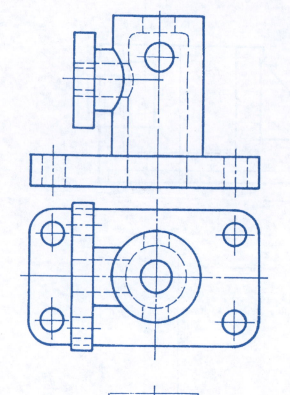
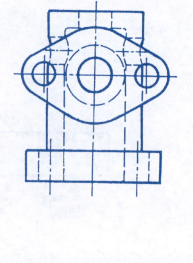
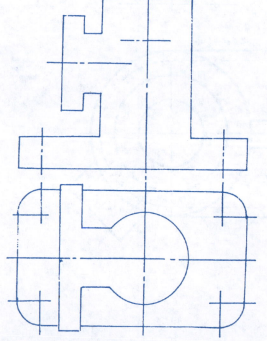

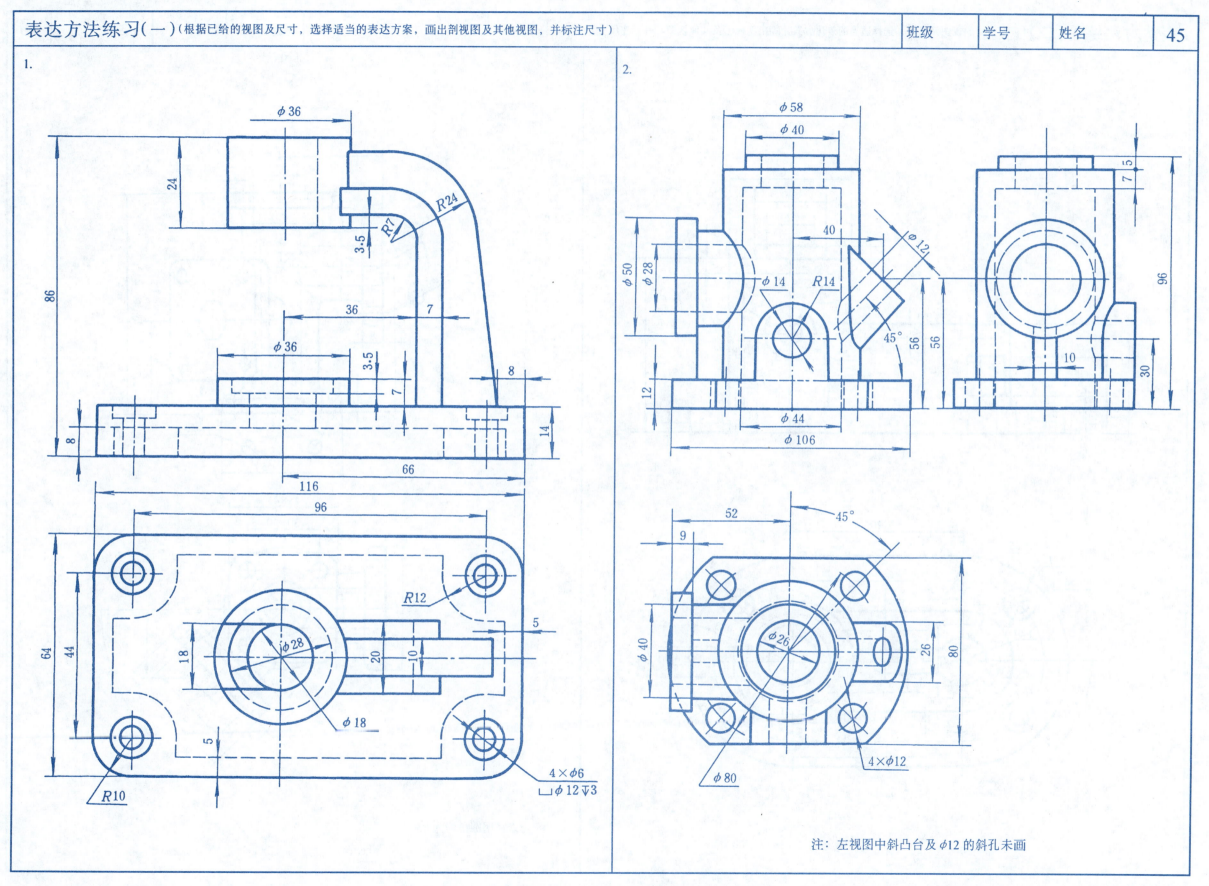

表达方法练习(二)（根据已给的视图及尺寸，选择适当的表达方案，画出剖视图及其他视图，并标注尺寸）

3.

4.

未注明圆角均为 R5

螺纹及螺纹连接件（一）

1. 指出下列螺纹画法中的错误，并在其下方画出正确视图

(1)　　　　　　　　　　　　　　　(2)

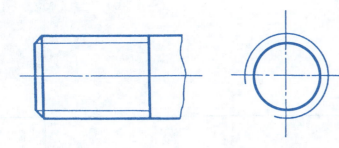
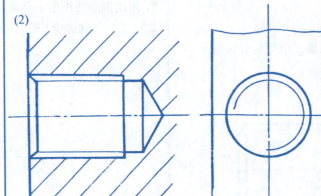

2. 指出内外螺纹连接图中的错误，并在其下方画出正确视图

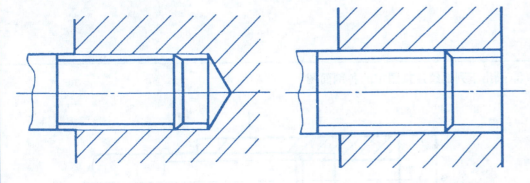

3. 已知管螺纹代号，试识别其意义并填表

代　　号	尺寸代号	内、外、副	旋向	种　类	公差等级
R$_c$ 1					
R$_p$ 1/2					
R$_1$ 1/2 – LH					
G1/2 / G1/2 A					
R$_c$ 1/2 / R$_2$ 1/2					
R$_p$ 1/2 / R$_1$ 1/2					
G2 B					
R$_c$ 1/2 / R$_2$ 1/2 – LH					

4. 已知下列螺纹的代号，试识别其意义并填表

代　　号	螺纹种类	内、外、副	公称直径	螺距	旋向	公差带代号	旋合长度
M20 – 5g6g – S							
M20 – 6H – S							
M20 – 6H/5g6g – S							
M20×2 – 6H – LH							
M20×2 – 6h – LH							
M20×2 – 6H/6h – LH							
Tr24×5 – 7e							
Tr24×5 – 7H							
Tr24×5 – 7H/7e							
B40×14(P7) – 8A – L							

螺纹及螺纹连接件(二)

班级　　学号　　姓名　　48

1. 根据给定的螺纹要素，标注螺纹尺寸

（1）普通螺纹：公称直径 30mm，螺距 3.5mm，
　　公差带代号 5g6g，单线，右旋，短旋合长度

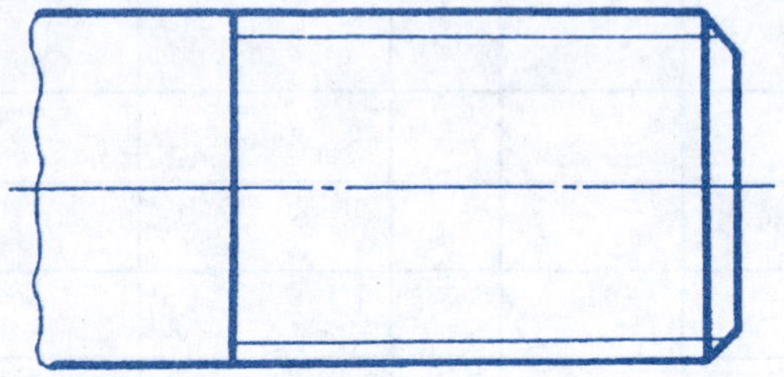

（2）普通螺纹：公称直径 24mm，螺距 1.5mm，
　　公差带代号 7g6g，左旋，中等旋合长度

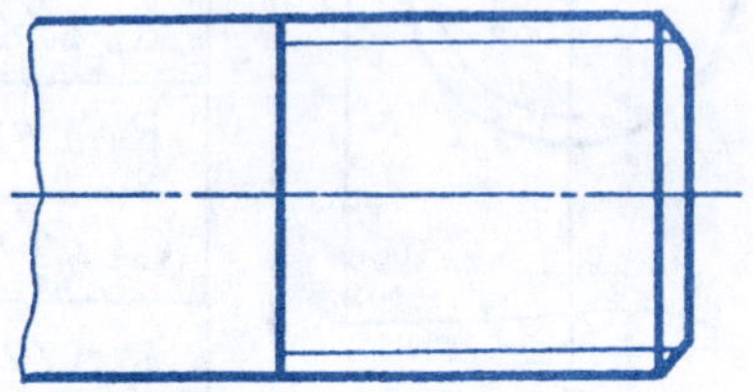

（3）梯形螺纹：公称直径 20mm，导程 8mm，左旋，
　　公差带代号 8H，长旋合长度，双线

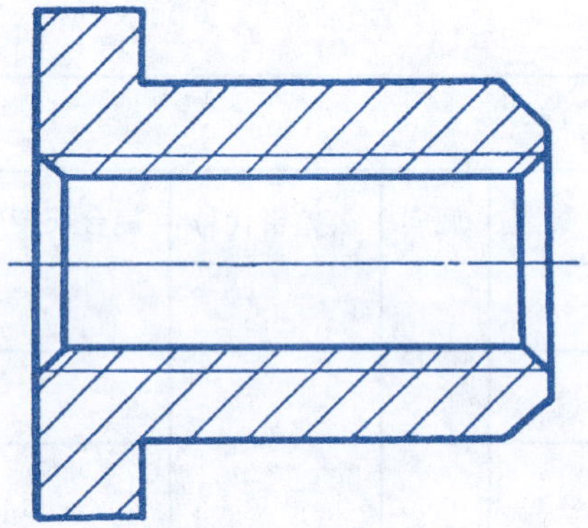

（4）用螺纹密封的管螺纹：圆锥内螺纹，
　　尺寸代号 1/2 英寸，左旋

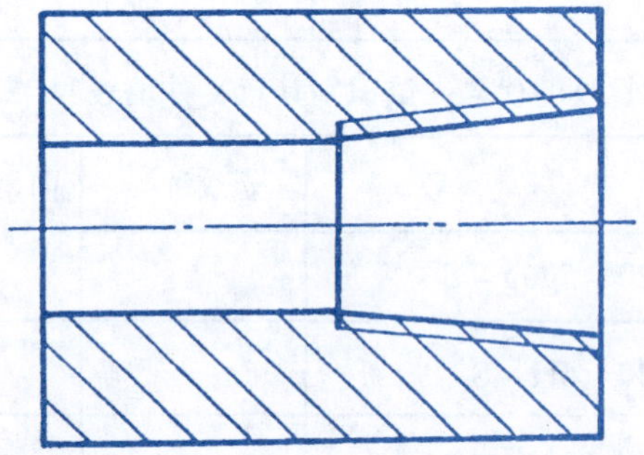

（5）非螺纹密封的管螺纹：圆柱外螺纹，
　　尺寸代号 1 英寸，右旋，A 级

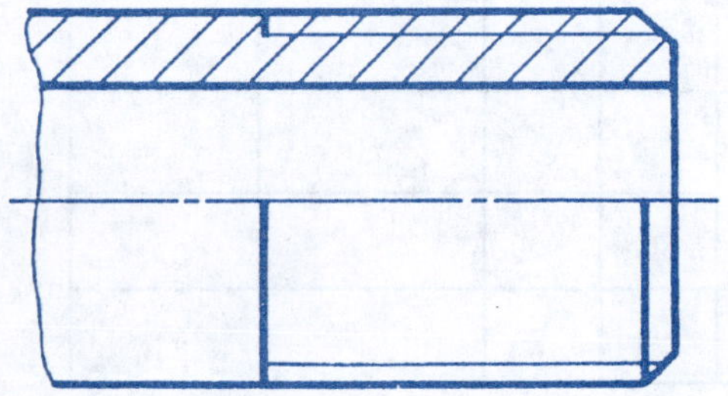

（6）用螺纹密封的管螺纹：圆柱内螺纹，
　　尺寸代号 1/2 英寸，右旋

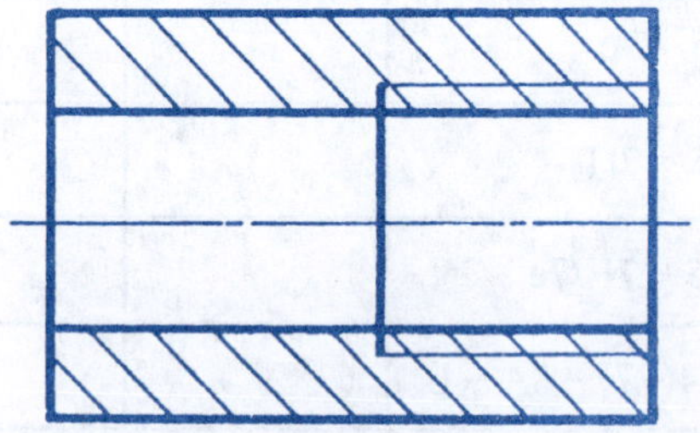

2. 用比例画法作出下列螺纹连接件（比例 1:1）

（1）已知螺栓 GB/T5780 - 2000 M16×65

（2）已知螺母 GB/T6170 - 2000 M16（轴线水平放置、主视图半剖）

3. 画出下列螺纹连接图中的各剖面图

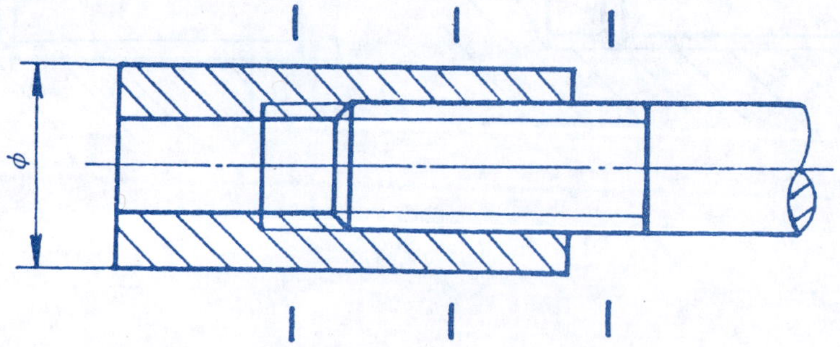

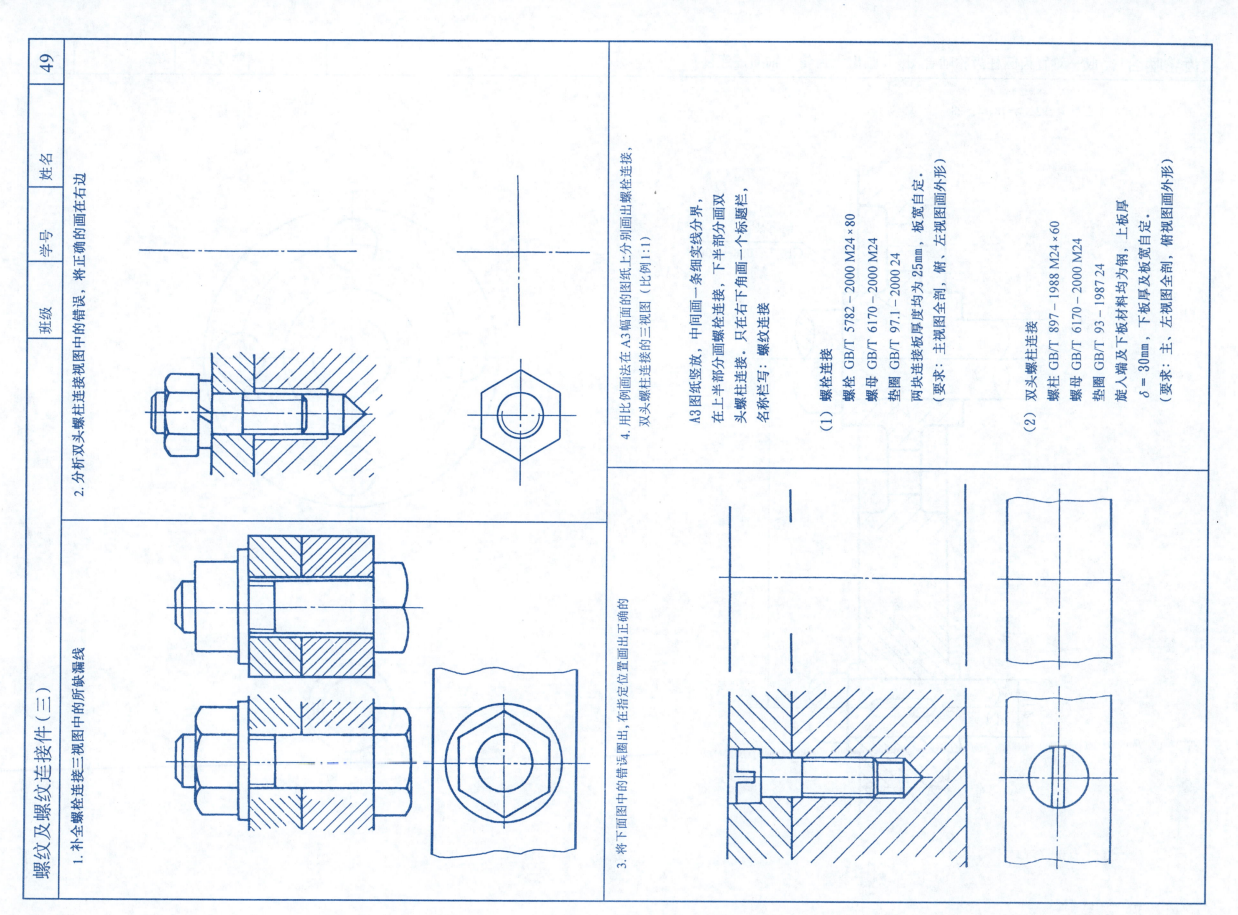

齿轮啮合（完成一对直齿圆柱齿轮啮合图，并画出大齿轮与轴的键连接）

已知：中心距 $a=92$、$z_1=18$、$z_2=28$

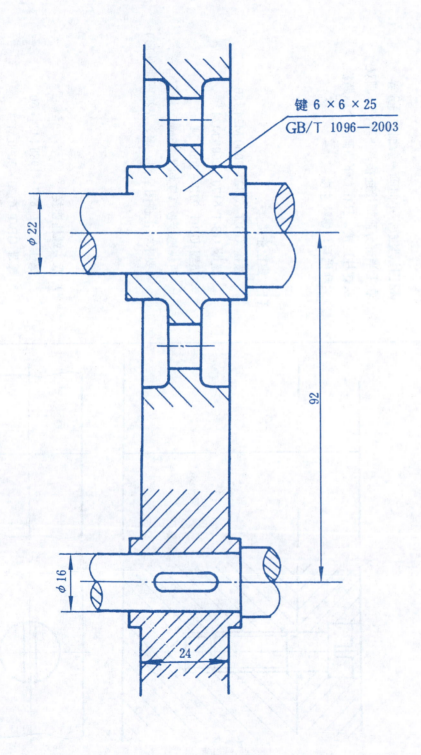
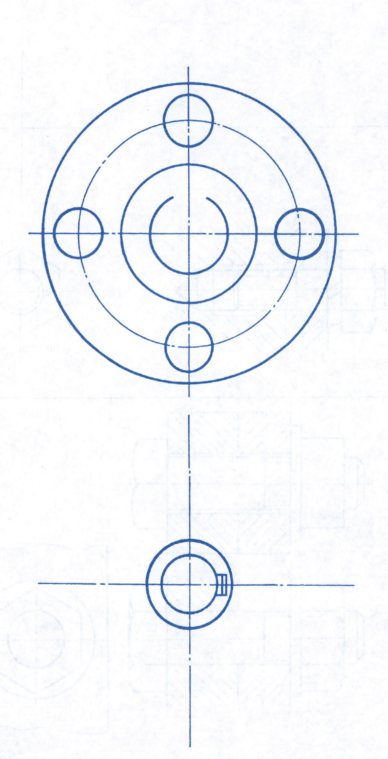

键、销、轴承、弹簧

1. 已知矩形花键代号为 ⌐ $8 \times 46 \dfrac{H7}{f7} \times 50 \dfrac{H8}{a11} \times 9 \dfrac{H9}{d10}$ —GB/T 1144—2001，试完成花键联接图，比例1:2

3. 已知弹簧丝直径 $d=6$mm，弹簧外径 $D=52$mm，节距 $t=12$mm，有效圈数 $n=6$，支承圈数 $n_0=2.5$，右旋，用1:1画出弹簧全剖视图

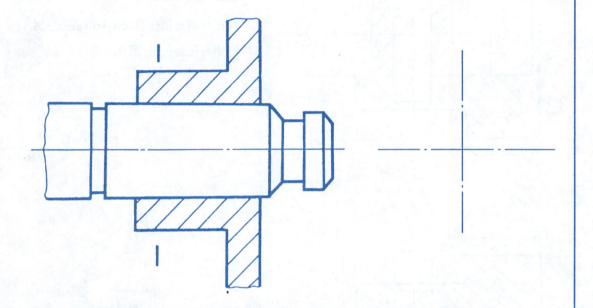

2. 已知齿轮和轴用GB/T 119.1—2000 6×22 的圆柱销连接，试用2:1的比例完成圆柱销连接的剖视图

4. 将下面各轴颈上的滚动轴承按规定画法在轴线下方画出

滚动轴承 6204 GB/T 276—1994   滚动轴承 30205 GB/T 297—1994

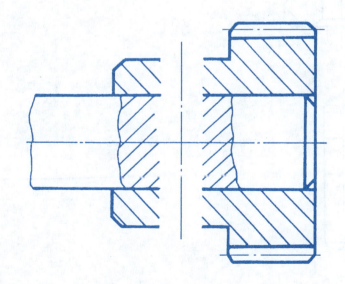

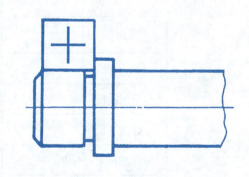

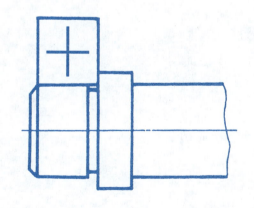

表面粗糙度、尺寸公差与配合

1. 根据表中给定的表面粗糙度参数值，在视图中标注相应的表面粗糙度代号

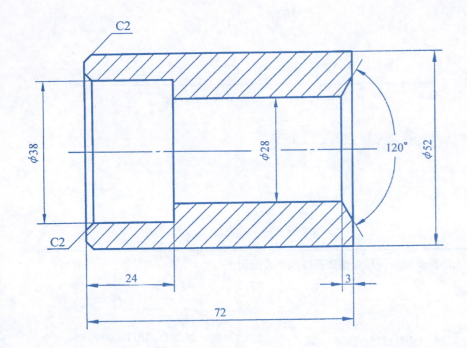

表面	表面粗糙度代号
120°锥面	6.3
φ38圆柱面	3.2
φ52圆柱面	1.6
φ28圆柱面	0.8
左端面	3.2
右端面	6.3
其余	12.5

2. 根据装配图的配合尺寸，在零件图中注出基本尺寸和上、下偏差数值，并填空

(1) 齿轮与轴的配合采用基___制，孔与轴是___配合。

(2) 圆柱销与销孔的配合采用基___制，销与孔是___配合。

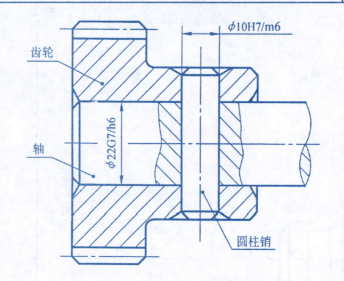

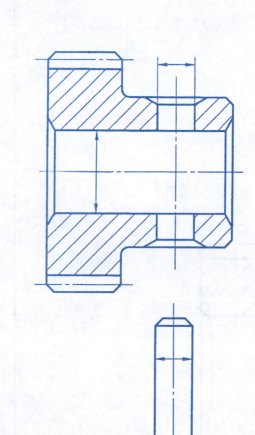

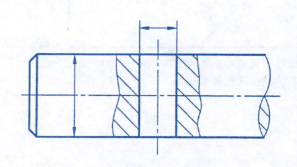

读零件图（轴） 53

其余 6.3/

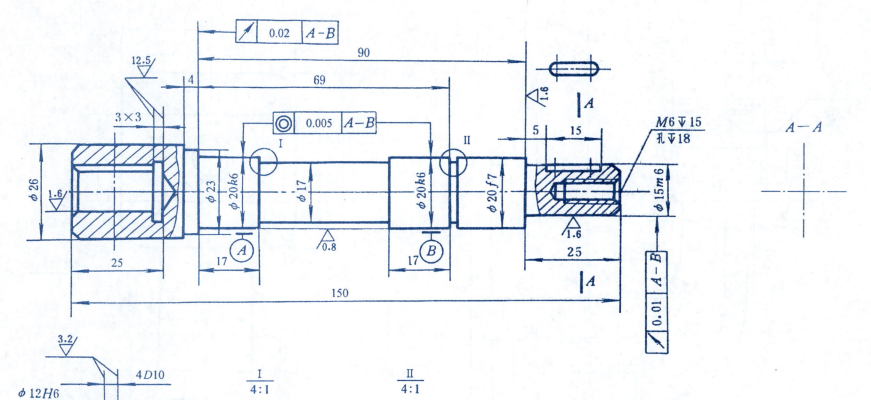

读图问题

1. 零件轴采用了哪些表达方法？
2. 说明右端螺孔M6的作用，以及孔深的尺寸。
3. 分析尺寸
   1) 找出主要的尺寸基准。
   2) 哪些尺寸是根据基准标注的？各举两例说明。
   3) 说明 φ20k6，φ15m6 和 φ12H6 是哪种配合制度，其基本偏差是多少？
4. 已知键槽配用圆头普通平键，其尺寸为：b=5，t=3，画出轴右端键槽和螺孔部分的移出剖面（画在右边中心线位置）并注出 b 和 d−t 的尺寸。

技术要求：
1. 倒角尺寸均为C1，按 12.5/ 加工。
2. 调质 220−225 HB。

	轴	比例	1:1
		材料	45
制 图			
审 核			

读零件图（轴架） 54

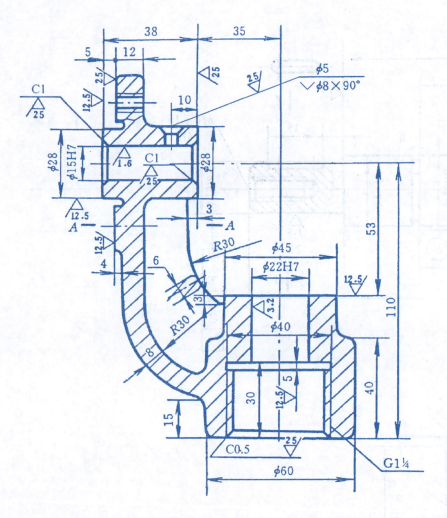

技 术 要 求

未注铸造圆角 R3～R5。

读 图 要 求

1. 回答问题：

（1）零件的名称为_____，材料为_____。

（2）主视图采用_____剖视，剖切平面通过_____。

（3）主视图中的剖面为_____，所表达的结构叫_____，其厚度为_____。

（4）$G1\frac{1}{4}$ 表示的是_____结构的尺寸。

（5）图中的重要尺寸是_____。

（6）φ15H7孔的定位尺寸是_____，4-M6-H7的定位尺寸是_____。

2. 画出右视图和 A-A 剖面图（只画可见轮廓线）。

轴 架		比例	数量	材料
				HT150
制图				
审核				

读零件图（底座）

读底座零件图，补画左视图和 A-A 剖面图

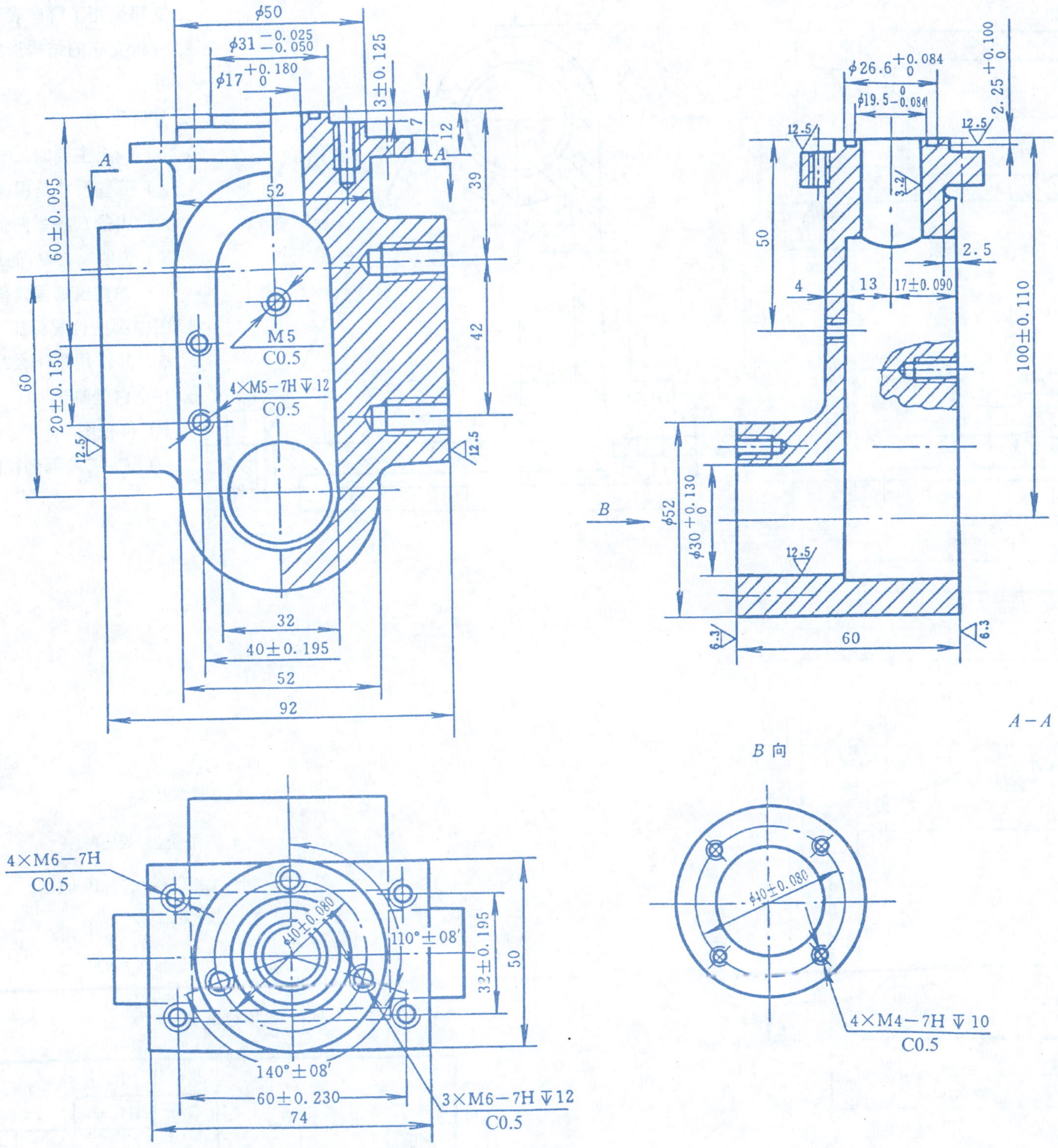

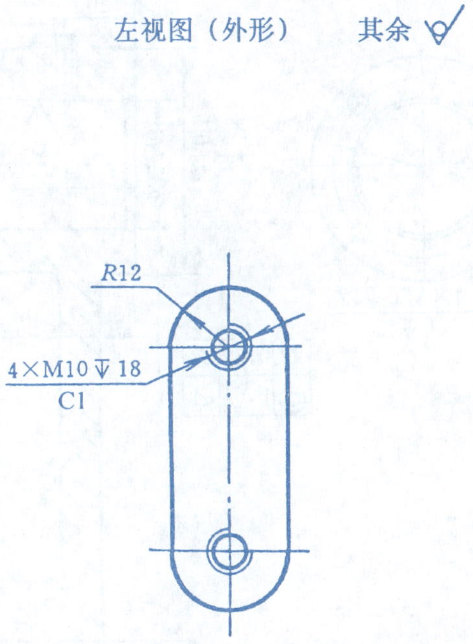

左视图（外形）

技术要求

1. 图中未注圆角均为 R3。
2. 铸件不得有砂眼、气孔、裂纹等缺陷。
3. 起模斜度 1:50。
4. 除加工表面，表面涂深灰色绉纹漆。

底座　　材料 HT200

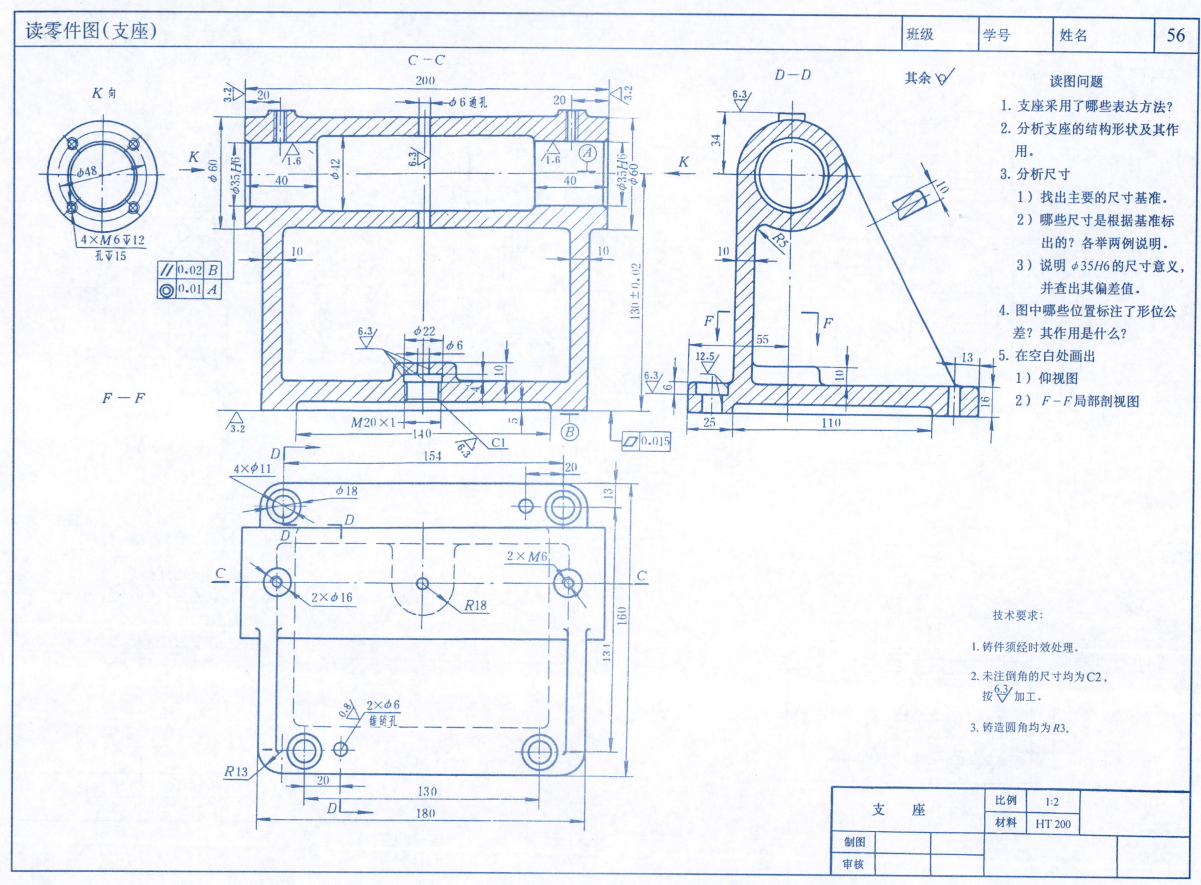

根据零件轴测图画零件工件图（一）

名称：泵轴
材料：45

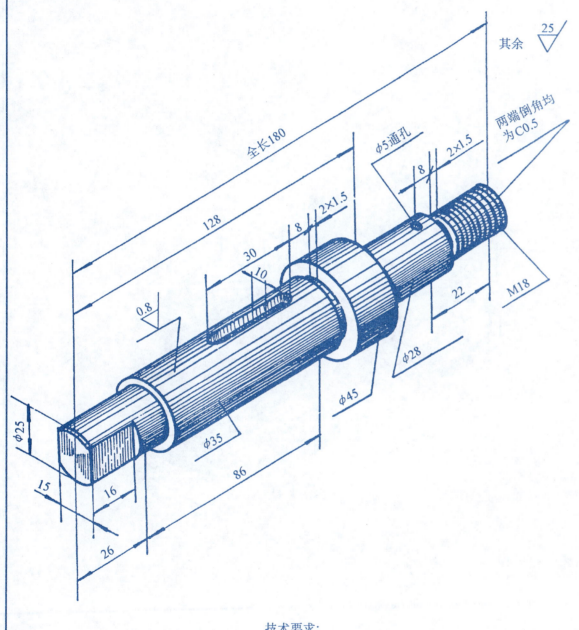

名称：油泵盖
材料：HT150

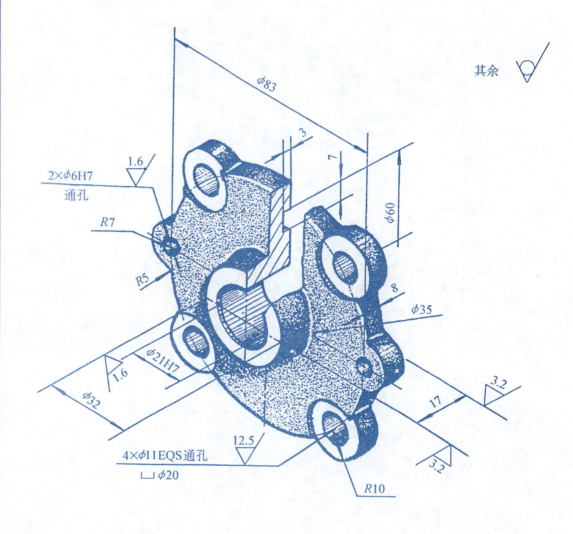

技术要求：
1. 全部调质 26~31HRC
2. φ18h9 外圆面表面淬硬 55~62HRC，淬硬深度为 0.7~1.5mm。

注：1. 键槽宽、深尺寸及公差从 GB/T 1095-2003 中查
2. 键槽两侧粗糙度为 3.2，底面粗糙度为 12.5

技术要求：
1. 铸件不得有裂纹、气孔、砂眼、缩孔、夹渣等铸造缺陷。
2. 未注铸造圆角半径均为 R12。
3. 加工前必须进行时效处理。

注：φ21H7 孔两端倒角均为 C0.5。

根据零件轴测图画零件工作图（二）

58

名称：连杆
材料：HT200

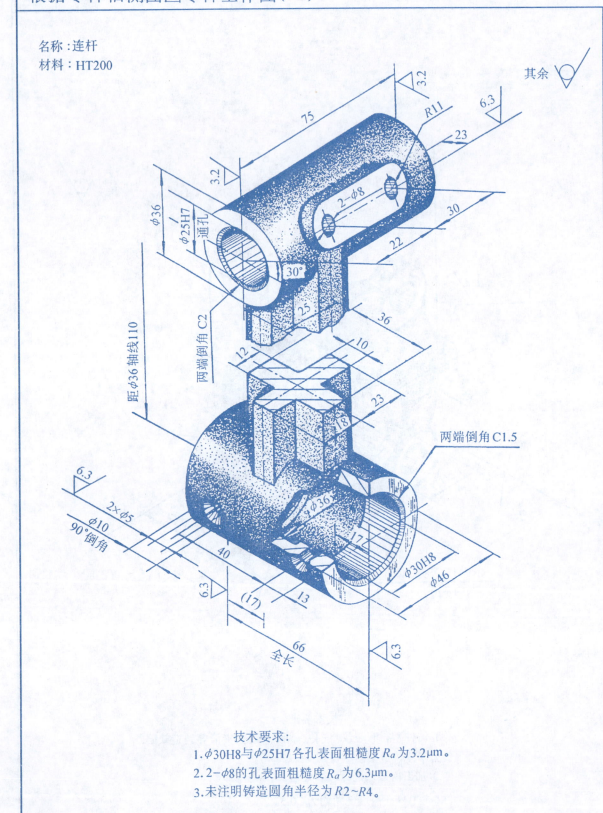

技术要求：
1. $\phi 30H8$ 与 $\phi 25H7$ 各孔表面粗糙度 R_a 为 $3.2 \mu m$。
2. $2-\phi 8$ 的孔表面粗糙度 R_a 为 $6.3 \mu m$。
3. 未注明铸造圆角半径为 $R2\sim R4$。

名称：箱体
材料：HT200

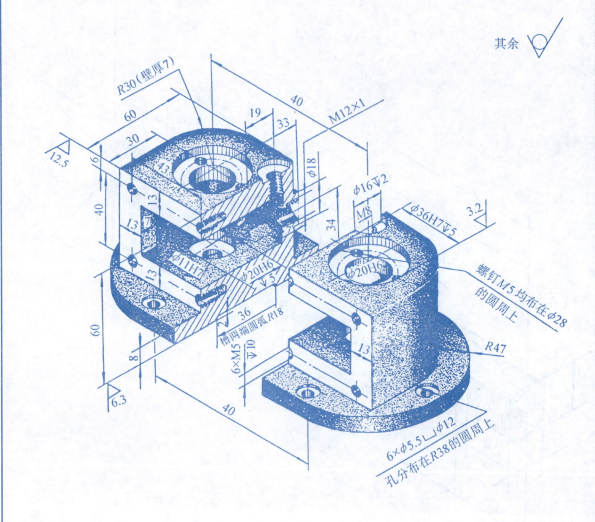

技术要求：
1. $\phi 20H6$ 与 $\phi 16$ 各孔表面粗糙度 R_a 为 $3.2 \mu m$。
2. $\phi 11H7$ 的孔表面粗糙度 R_a 为 $6.3 \mu m$。
3. 未注明各加工面粗糙度 R_a 均为 $12.5 \mu m$。
4. 未注明铸造圆角半径为 $R2\sim R5$。

| 由零件图画装配图(旋塞) | 班级 | 学号 | 姓名 | 59 |

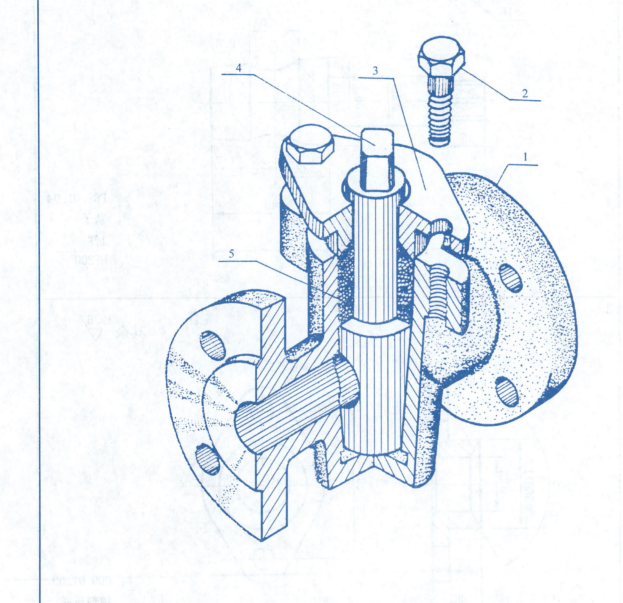

一、作业要求 根据给出的旋塞装配轴测图和零件图,采用1:1比例绘制装配图。

二、旋塞的功用及作用原理:旋塞是装在管路中的一种开闭装置,当用扳手转动塞子(4)使其圆形通孔对准壳体(1)的管孔时,则管路畅通(如旋塞轴测图所示情况)当扳手将塞子(4)转动90°时,使塞子(4)堵住壳体(1)的管孔,可使管路不通。在塞子(4)的杆部与壳体的内腔之间,装入填料(5)、并装上填料后盖(3),拧紧螺栓(2)可使填料后盖(3)压紧填料(5),起到密封防漏的作用。

5	P09.01.05	填 料	1	石棉绳	无图
4	P09.01.04	塞 子	1	HT200	
3	P09.01.03	填料压盖	1	HT200	
2	GB/T 5782-2000	螺栓 M8×30	2	Q235-A	
1	P09.01.01	壳 体	1	HT200	
序号	代 号	名 称	数量	材 料	备注

旋 塞	比例	
		共4张第1张
制图		(校名)
审核		系 班
描图		

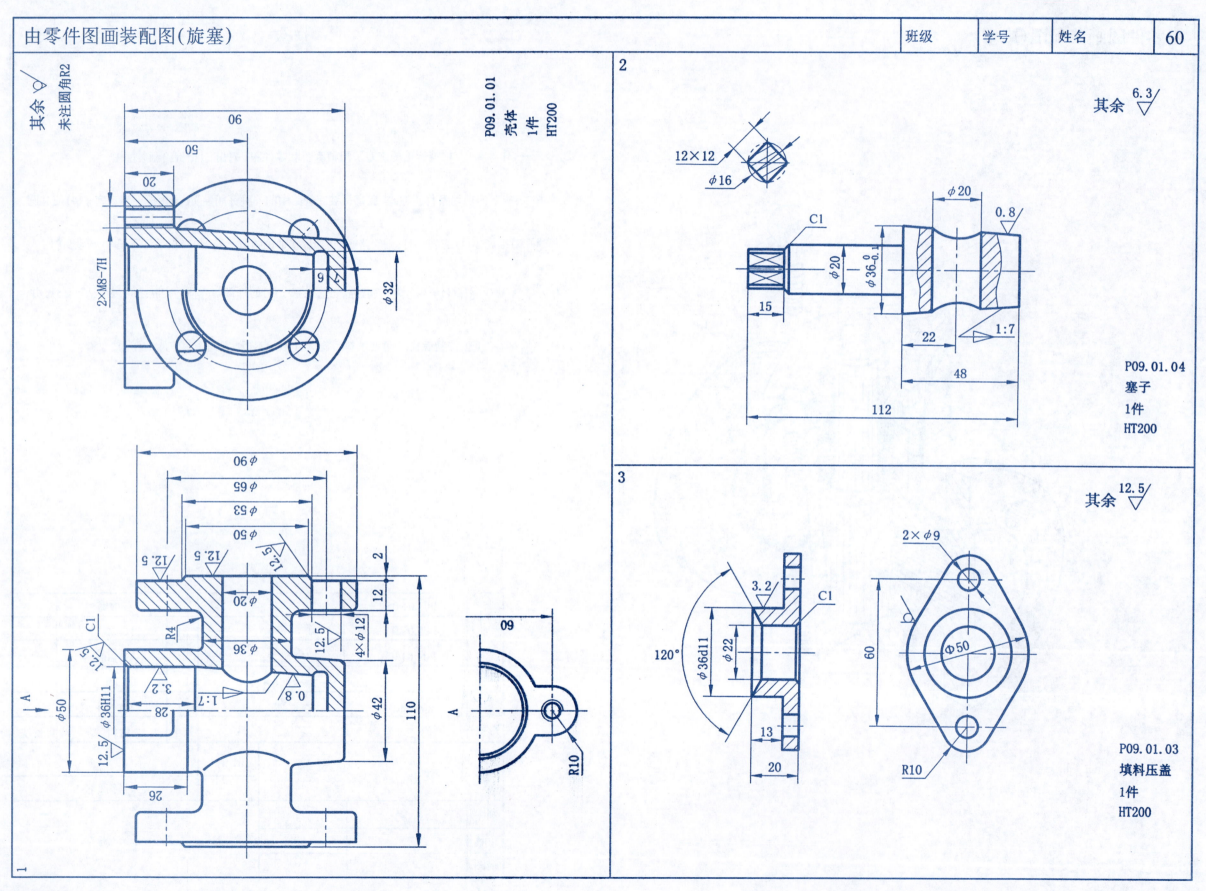

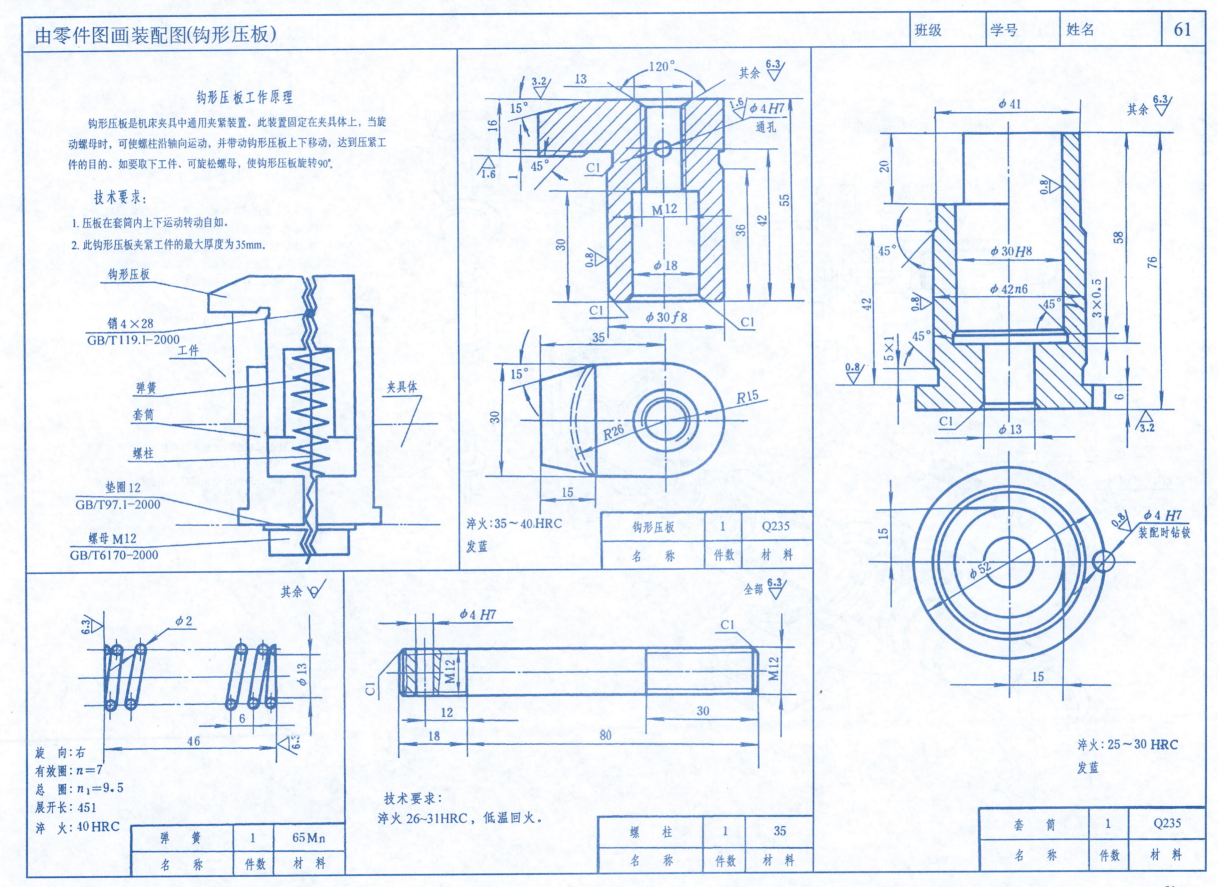

由零件图画装配图(柱塞泵)(一)

柱塞泵工作原理示意图

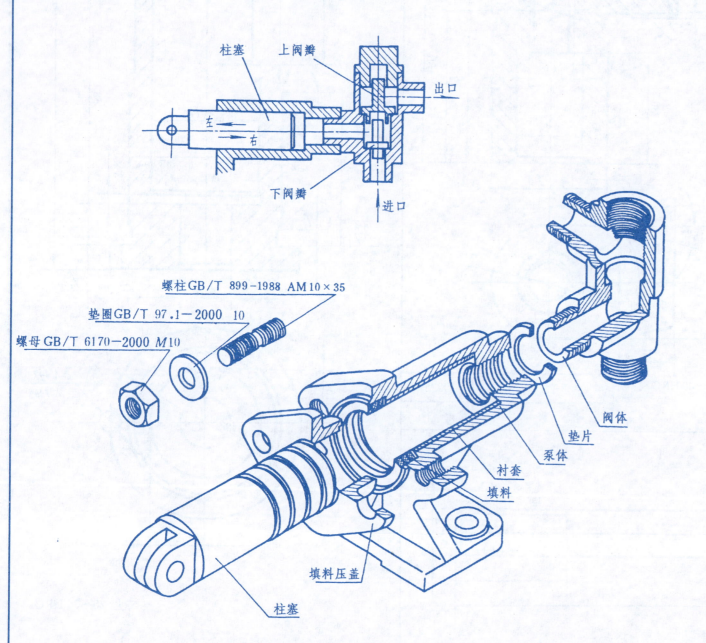

柱塞泵工作原理

柱塞泵是输送液体的增压设备，由电机及其他机构带动柱塞作往复运动。当柱塞向左移动时，泵体内空间增大，内腔压力降低，液体在大气压作用下，从进口冲开下阀瓣进入泵体。当柱塞向右移动时，泵内液体压力增大，压紧下阀瓣而冲开上阀瓣，使液体从出口流出。柱塞不断地往复运动，液体不断地被吸入和输出。

技术要求：
1. 柱塞泵装配后试验不许有泄漏，工作压力为 0.98MPa，柱塞往复240次/分。
2. 检验合格后，进出油口必须封存，外露非加工面涂银灰色漆。

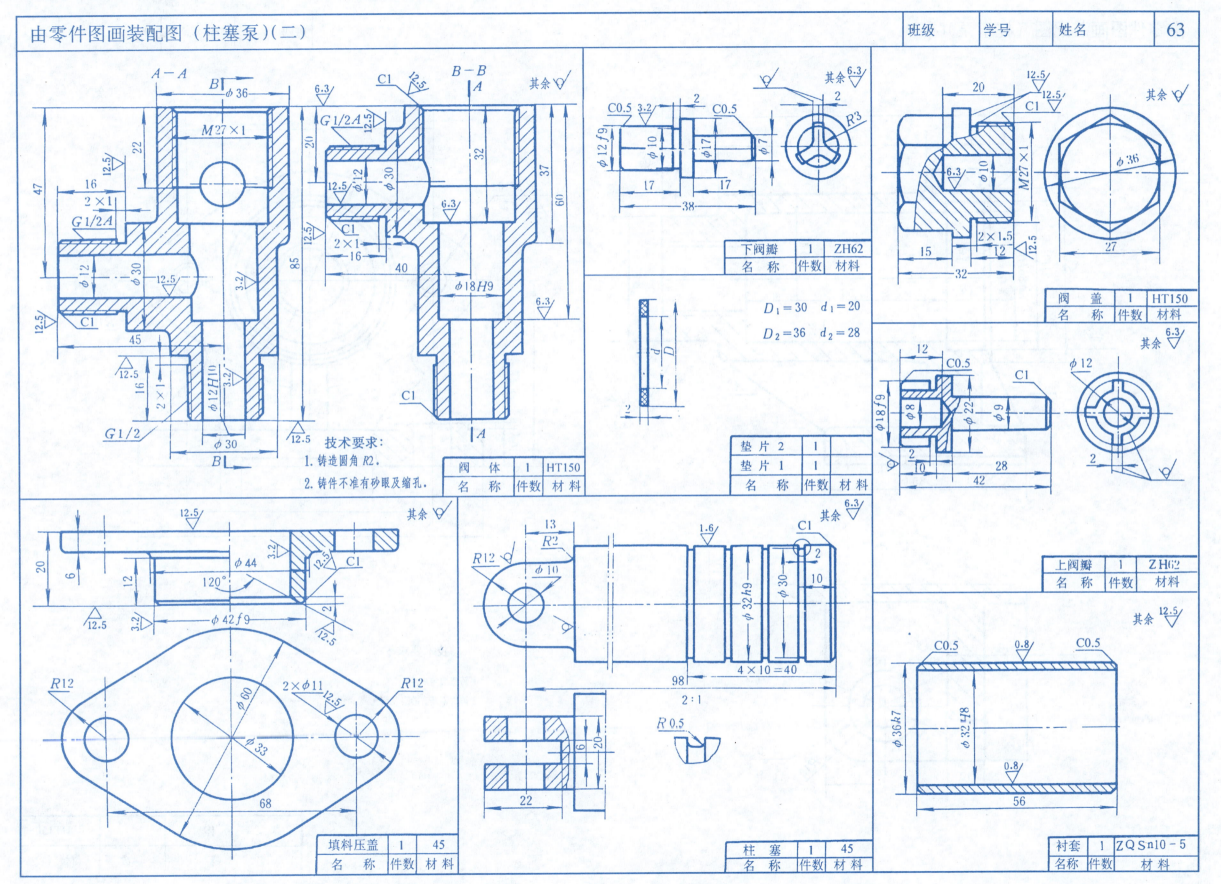

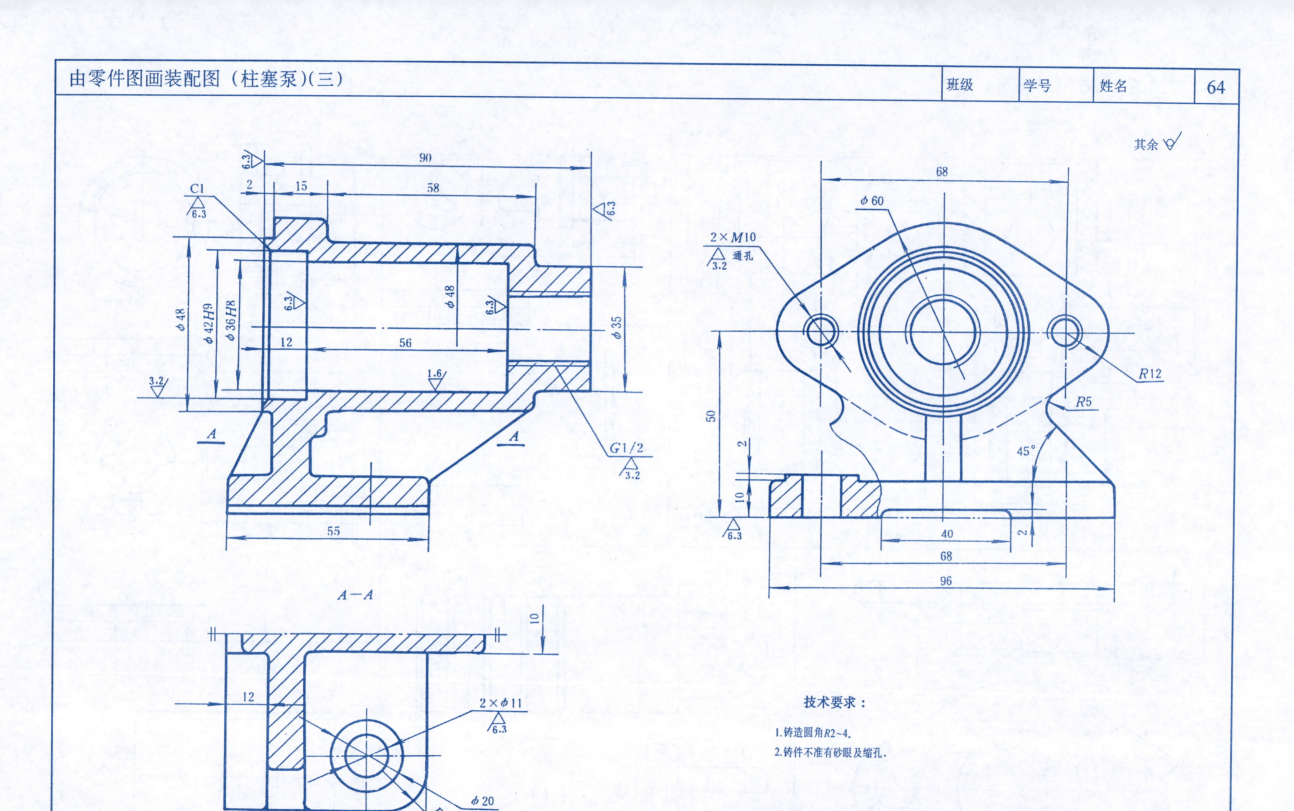

装配练习、读装配图

作出联轴器的各部分连接：

(1) 圆盘2和3之间的螺栓：螺栓 GB/T 5782-2000 M12×50

(2) 轴1和圆盘2之间的普通平键：GB/T 1096-2003 键 8×7×28

(3) 圆盘3和轴4之间的圆锥销：GB/T 117-2000 6×70

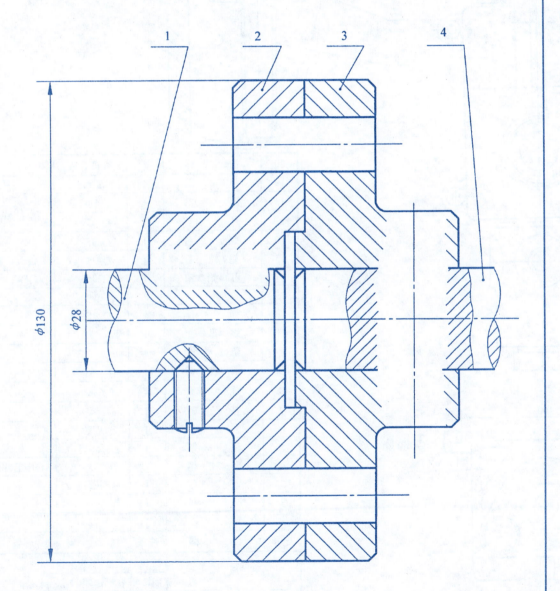

读装配图（图见P66）

手 压 泵

1. 工作原理

手压泵是用于供给机器润滑油的部件。润滑油从黄铜网18中注入泵体内。当摇杆12摇动时推动柱塞7作上下移动。柱塞7上移时，支柱腔内形成负压，润滑油从 $6-\phi 4mm$ 孔进入，顶开钢球3至油腔；当柱塞7下移时，钢球堵死进油孔，润滑油从Ⅰ、Ⅱ、Ⅲ出油孔流出进入润滑系统。当摇杆复位时，由于弹簧作用，柱塞7又上升到最高位置，润滑油又进入腔体内，如此往复。

黄铜网为焊接组件，网体的铜丝直径为0.2mm，孔数200个/mm^2，网体、网底和环焊接为一体，当油注入后可起过滤作用。注油时先松开螺塞16。

钢球3安装时要压合，为了防止钢球移距太远，采用圆柱销4挡住。

摇杆端部有一小孔 $\phi 10mm$，工作时可安装销轴。

2. 读图要求

（1）泵体6内贮存的润滑油，是从何处进入的？又如何流出的？说明详细过程。

（2）底塞2（见C-C剖视）的横向有垂直相交四个小孔，它起什么作用？

（3）读懂支柱1的结构形状，并画零件草图。

（4）图中哪些尺寸为配合尺寸，符号的含义是什么？

（5）画出支柱1和泵体6的零件工作图（1:1比例）

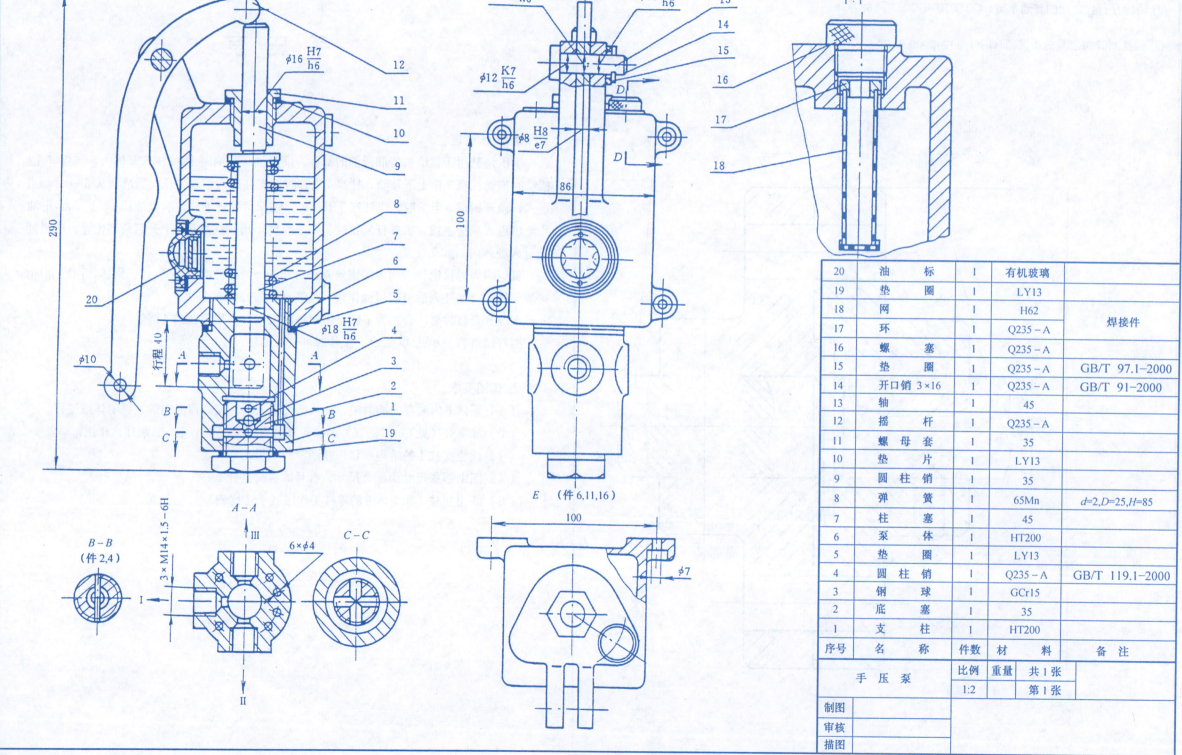

读装配图（QKT-膨胀阀）

QKT-膨胀阀工作原理

制冷机是利用系统中的氟利昂经过空压机在高压下通过膨胀阀呈气态大量吸热而制冷。QKT-膨胀阀是制冷系统广泛采用的一种自动控制冷库温度的装置。

阀体上装有感温管与温包，感温管中充满了对温度变化非常敏感的四氯化碳气体。当冷库的温度变化时，放在冷库中的感温管内的四氯化碳气体体积发生变化，使膜片8膨胀，推动垫块7、推杆6，使弹簧5压缩弹簧2向左移动从而带动芯杆调整其与阀体的间隙，使通过阀体的氟利昂流量增大或减少，以调整冷库中的温度达到规定的要求。

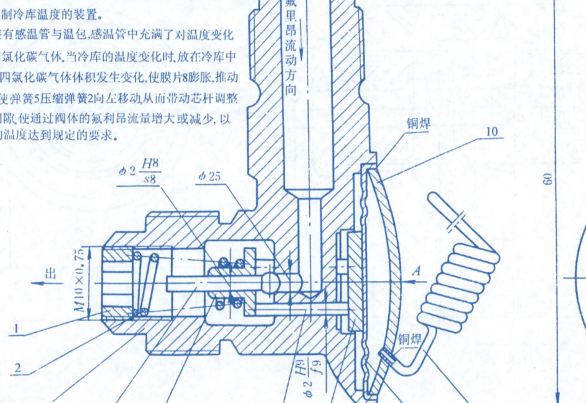

读图问题

1. 氟利昂是怎样在阀体中流动的？其流量大小靠什么来控制？
2. 阀体中的芯杆是如何移动调整通道口的间隙的？
3. 拆画阀体零件图。

技术要求：

1. 温包感温管等应焊牢，保证密封不泄漏。
2. 充灌制冷剂后封牢，充前干燥处理。
3. 感温管温度在 −10℃~5℃内，球阀应动作灵敏。

10	温 包 盖	1	H62	
9	感 温 管	1	紫铜$\phi3\times1$	
8	膜 片	1	紫铜厚0.2	
7	垫 块	1	H62	
6	推 杆	3		$\phi2\times12$滚针
5	弹 簧 座	1	Q235	
4	芯 杆	1	Q235	
3	阀 体	1	ZH62	
2	锥形弹簧	1	65Mn	
1	螺 母	1	H62	
序号	名 称	件数	材料	附注

QKT-膨胀阀　　比例 2:1

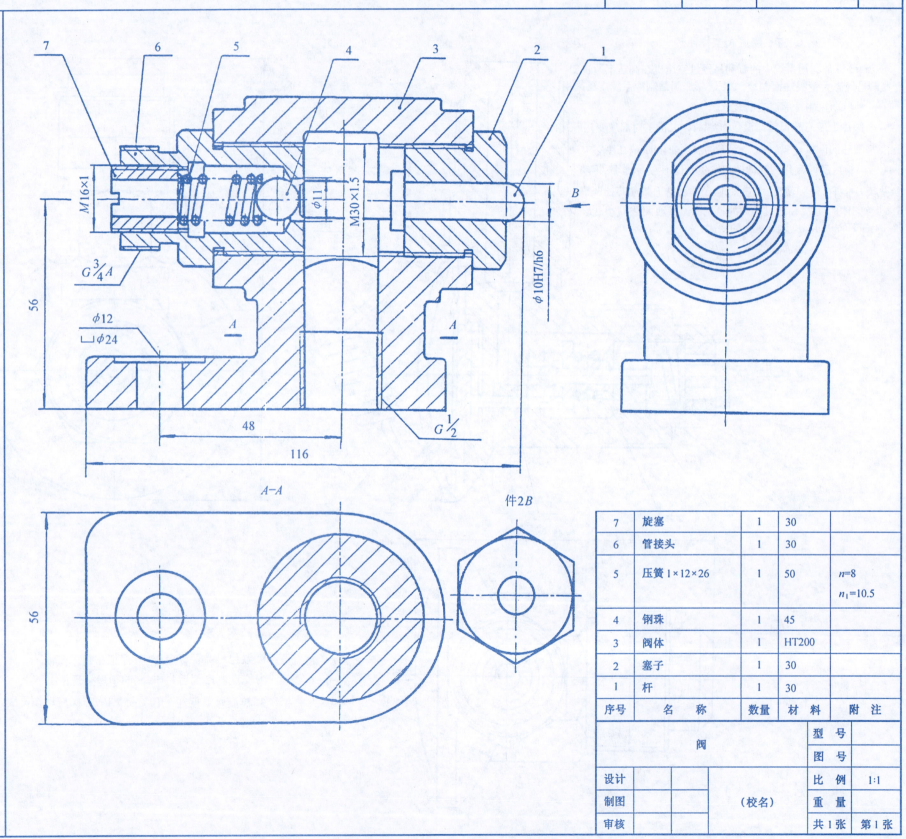

读装配图(冷凝器)

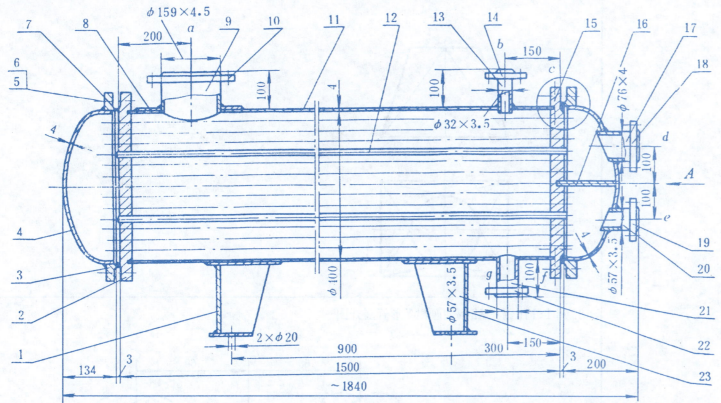
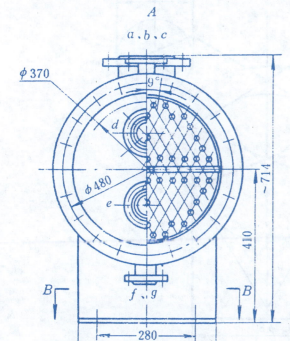
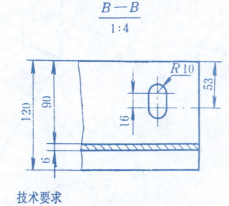
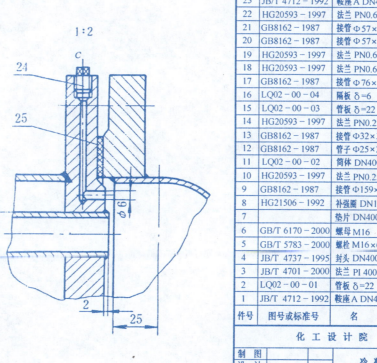

技术特性表

壳程工作压力 MPa	0.02	设计温度 ℃	80
管程工作压力 MPa	0.3	壳程物料	料气
设计压力 MPa	0.4	管程物料	水
壳程水压试验压力 MPa	0.1	传热面积 m²	17
管程水压试验压力 MPa	0.5	设计寿命 年	10
腐蚀裕量 mm	1	计算厚度 mm	3
焊接接头系数 φ	0.8	名义厚度 mm	4

读图问题

1. 冷凝器是如何工作的?说明热交换过程中水和介质的走向。
2. 说明装配图采用何种表达方法?其表达内容是什么?

管口表

符号	公称尺寸	连接尺寸标准	连接面形式	用途或名称
a	DN150	HG20593-1997	平面	料气进口
b	DN25	HG20593-1997	平面	放空口
c	G1/4		螺纹	排气口
d	DN70	HG20593-1997	平面	出水口
e	DN50	HG20593-1997	平面	进水口
f	G1/4		螺纹	放水口
g	DN50	HG20593-1997	平面	冷凝液出口

技术要求

1. 本设备按 GB150-1998《钢制压力容器》GB151-1999《钢制管壳式换热器》制造、检验与验收,并接受《压力容器安全技术监察规程》的监督。
2. 本设备采用手工电弧焊,焊条牌号 E4303;焊缝局部射线探伤,探伤标准为:JB4730-1994,Ⅲ级合格。
3. 设备制造完成后壳程以 0.1MPa 进行水压试验,合格后管程以 0.5MPa 进行水压试验。
4. 设备制造完成后外表面涂铁红过氧底漆两遍。

明细表

件号	图号或标准号	名称	数量	材料	单重 kg	总重 kg	备注
25		垫片 DN400×3	1	石棉橡胶			
24	LQ02-00-05	管塞 G1/4	2	Q235-A	0.1		
23	JB/T 4712-1992	鞍座 A DN400	1	Q235-AF	13		
22	HG20593-1997	法兰 PN0.6 DN50	1	Q235-A	1.15		
21	GB8162-1987	接管 φ57×3.5×110	1	10	0.48		
20	GB8162-1987	接管 φ57×3.5×120	1	10	0.15		
19	HG20593-1997	法兰 PN0.6 DN50	1	Q235-A	1.15		
18	HG20593-1997	法兰 PN0.6 DN70	1	Q235-A	2.94		
17	GB8162-1987	接管 φ76×4×120	1	10	0.85		
16	LQ02-00-04	隔板 δ=6	1	Q235-A	2		
15	LQ02-00-03	管板 δ=22	1	Q235-A	40		
14	HG20593-1997	法兰 PN0.25 DN25	1	Q235-A	0.73		
13	GB8162-1987	接管 φ32×3.5×110	1	10	0.27		
12	GB8162-1987	管子 φ25×2.5×1510	98	10	206		
11	LQ02-00-02	筒体 DN400 δ=4	1	Q235-A	40		
10	HG20593-1997	法兰 PN0.25 DN150	1	Q235-A	7.6		
9	GB8162-1987	接管 φ159×4.5×120	1	10	2		
8	HG21506-1992	补强圈 DN150×4	1	Q235-A			
7		垫片 DN400×3	1	石棉橡胶			
6	GB/T 6170-2000	螺母 M16	40	Q235-A	1.2		
5	GB/T 5783-2000	螺栓 M16×60	40	35	0.15	6	
4	JB/T 4737-1995	封头 DN400 δ=4	2	Q235-A	6.5	13	
3	JB/T 4701-2000	法兰 PI 400-0.6	2	Q235-A	16.5	33	
2	LQ02-00-01	管板 δ=22	1	Q235-A	40		
1	JB/T 4712-1992	鞍座 A DN400	1	Q235-AF	13		

化工设计院 — 冷凝器 DN400 — LQ02-00 — 比例 1:10

| 表面展开（一） | 班级　　学号　　姓名 | 70 |

1. 求作漏斗的表面展开图

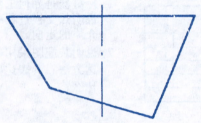

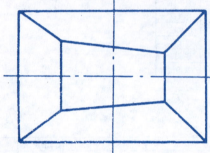

2. 求变形接头的表面展开图

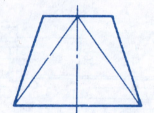

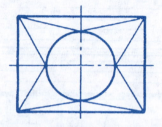

3. 用 1:1 比例在 A2 幅面画出 Y 形管展开图

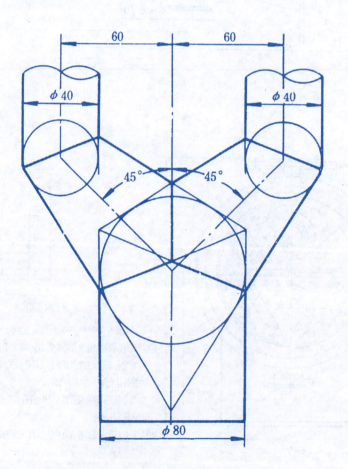

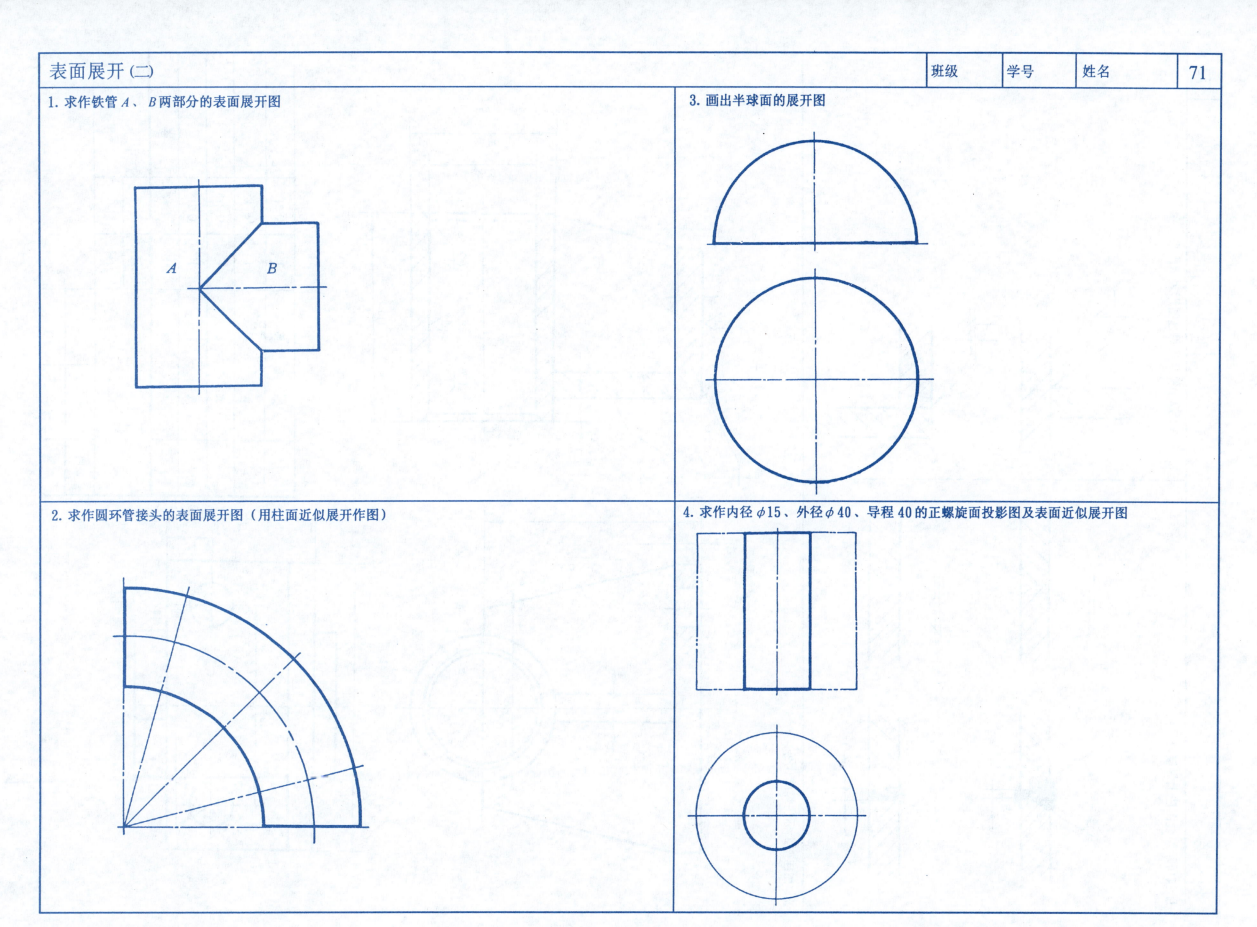

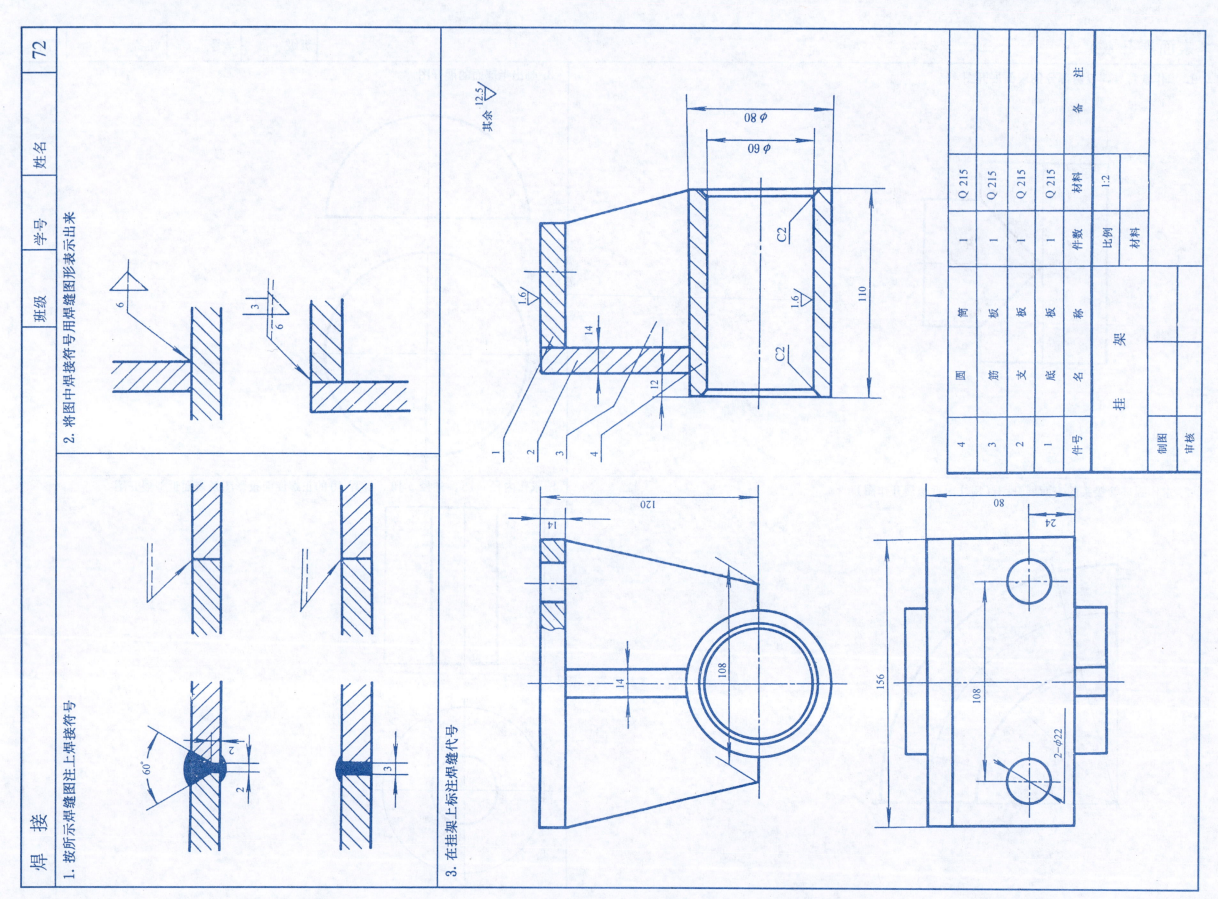

Auto CAD（一） 73

1. 制作自己的模型文件（.dwt），要求：
   ① 完成单位设置，建议数值与角度均采用十进制，精度采用保留3或4位小数；
   ② 将绘图界限设置为A3图纸大小，即（0,0），（420,297）。用同样的方法制作绘图界限为A4图纸大小的模型文件。

   参考命令：NEW、UNITS、LIMITS、SAVE
   （后面的练习均在用自己的模型文件开始的新图形文件中进行）

2. 在A3图幅中，按照给定的数据绘制下列图形。不标注尺寸和文本。

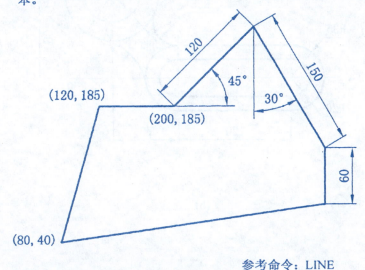

   参考命令：LINE

3. 在A3图幅中绘制下列图形，尺寸自定。

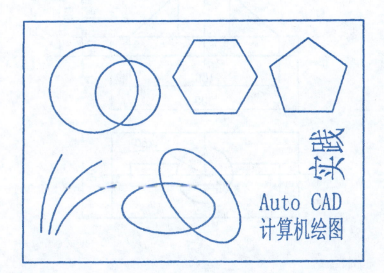

   参考命令：LINE、CIRCLE、ARC、POLYGON、ELLIPSE、DTEXT

4. 在A3图幅中，按照给定的尺寸绘制下列图形；然后在其右侧复制相同的图形。将左图中的各转角处作10×10的倒角，将右图中的各转角处作R15的倒圆角。不标注尺寸。

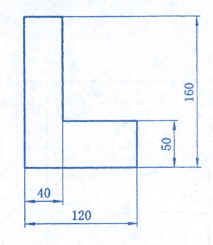

   参考命令：LINE、OFFSET、TRIM、COPY、CHAMFER、FILLET

5. 在A3图幅中，按照a图给定的尺寸绘制图形；然后在其下侧复制相同的图形，按照b图给定的尺寸编辑新图形。点划线用实线代替，不标注尺寸。

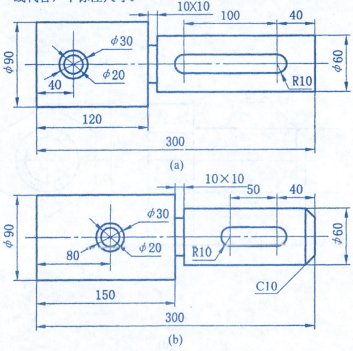

   参考命令：LINE、CIRCLE、OFFSET、TRIM、COPY、CHAMFER、MOVE、STRETCH

6. 在A3图幅中，按照a图给定的尺寸绘制图形；然后在其右侧镜像复制相反的图形，按照b图给定的尺寸编辑新图形。点划线用实线代替，不标注尺寸。

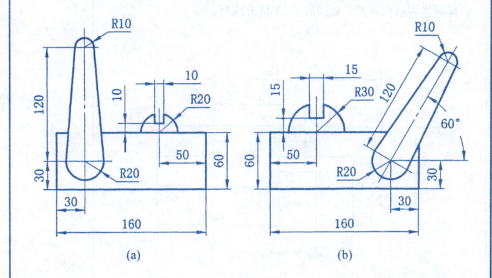

   参考命令：LINE、CIRCLE、OFFSET、TRIM、MIRROR、SCALE、ROTATE、ERASE、EXTEND

7. 在A3图幅中，按照给定的尺寸绘制图形。然后将左侧的正六边形和小圆在所在的圆周上每隔60°作极点阵列；将右侧的正六边形和小圆向右下方作矩形阵列，3行、2行、行间距为50、列间距为80。点划线用实线代替，不标注尺寸。

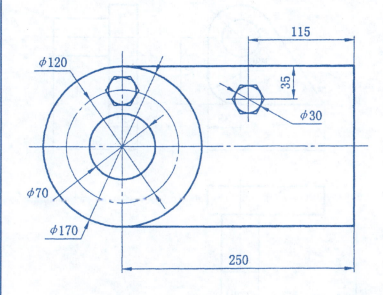

   参考命令：LINE、CIRCLE、OFFSET、TRIM、POLYGON、ARRAY

Auto CAD (二)

8. 在自己的模型文件中完成文本类型设置和辅助工具设置，加入图框和标题栏作为模型文件的基础图形。图框的尺寸参照教材，标题栏的格式和尺寸如图所示。不区分线型。

9. 分别在A3图幅中，按照给定的尺寸绘制下列图形。点划线用实线代替，不标注尺寸。

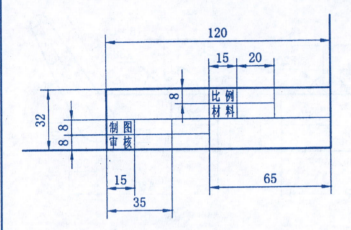

参考命令：OPEN、STYLE、DSETTINGS(OSNAP)、LINE、OFFSET、TRIM、DTEXT、SAVE
（后面的练习均在用自己的模型文件开始的新图形文件中进行）

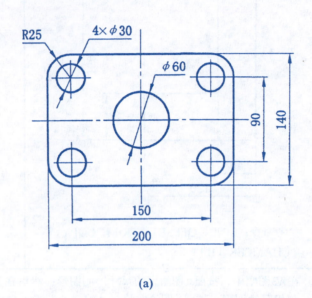

(a)

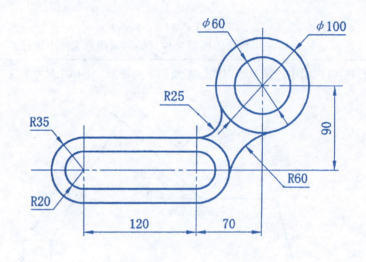

(b)

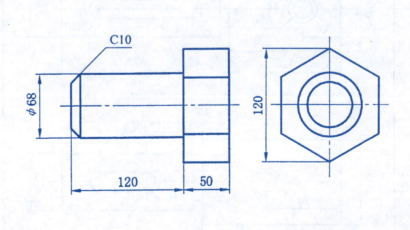

(c)   (d)

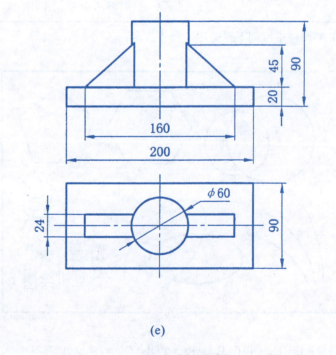

(e)

AutoCAD（三）

| 班级 | 学号 | 姓名 | 75 |

10. 在自己的模型文件中完成图层设置，为每个图层设置不同的颜色和相应的线型（必要时修改线型文件 ACAD.lin）。至少有5个图层。分别用于绘制粗实线、细实线、虚线、点划线和双点划线。然后把模型文件中的图框和标题栏等基础图形中的实体分别设置到相应的图层上。虚线、点划线和双点划线的尺寸参照下图：

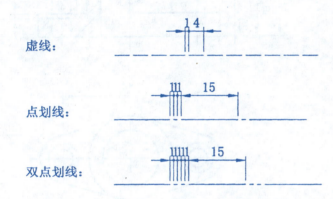

参考命令：OPEN、LAYER、PROPERTIES、SAVE
（后面的练习均在用自己的模型文件开始的新图形文件中进行）

11. 分别在A3图幅中，按照给定的尺寸绘制下列图形。要求用图层区分线型、颜色和线宽，不标注尺寸。

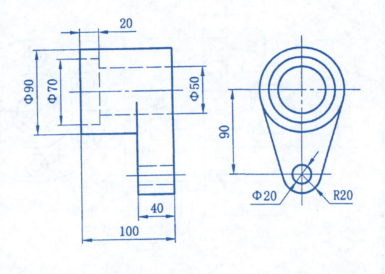

12. 在A4图幅中，按照a图给定的尺寸定义两个粗糙度的图块（不包含尺寸），其中"Ra"是定义在图块中的属性；然后按照b图给定的尺寸绘制图形，按图中所示分别插入粗糙度图块。用图层区分线型、颜色和线宽，不标注尺寸。

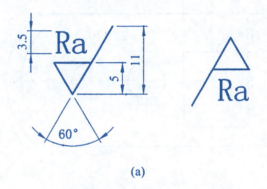

(a)

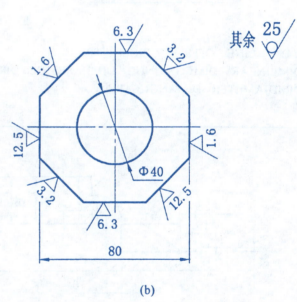

(b)

参考命令：LINE、OFFSET、TRIM、DTEXT、ATTDEF、BLOCK、CIRCLE、POLYGON、INSERT

13. 在自己的模型文件中定义12题a图中所示的粗糙度图块；完成尺寸标注类型设置。尺寸标注类型设置建议尺寸数字高度与箭头的长度均采用 5 mm。

参考命令：OPEN、LINE、OFFSET、TRIM、DTEXT、ATTDEF、BLOCK、ERASE、DIMSTYLE、SAVE
（后面的练习均在用自己的模型文件开始的新图形文件中进行）

Auto CAD（四） 76

14. 在A4图幅中，按照给定的尺寸绘制下列图形（用图层区分线型、颜色和线宽），然后标注尺寸。

15. 分别在A3图幅中，按照给定的尺寸绘制下列图形。要求用图层区分线型、颜色和线宽，并且标注尺寸。剖面线间距取3mm左右。
（参考命令：BHATCH）

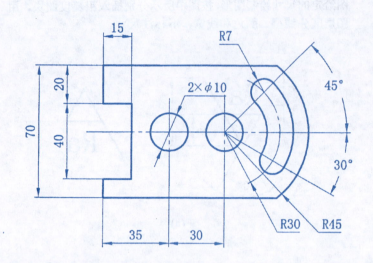

参考命令：LINE、OFFSET、CIRCLE、TRIM、
DIMLINEAR、DIMCONTINUE、DIMBASELINE、DIMRADIUS、
DIMDIAMETER、DIMANGULAR

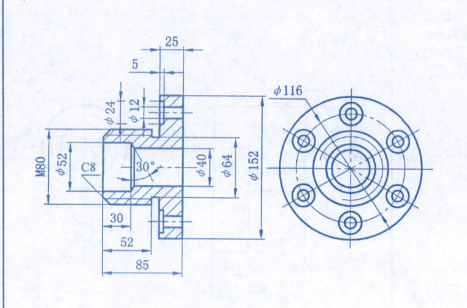

(a)

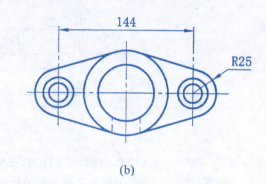

(b)

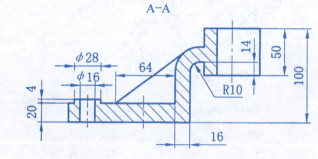

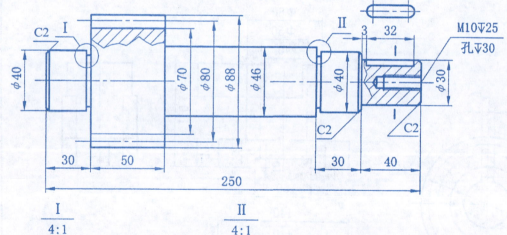

(e) 53页零件图（A3幅面）

(f) 54页零件图（A3幅面）

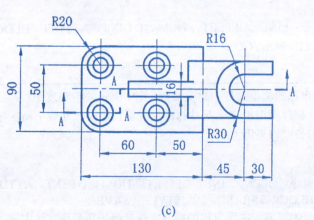

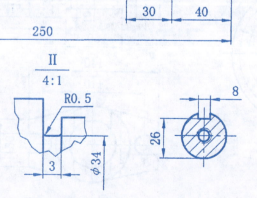

(g) 55页零件图（A3幅面）

(h) 56页零件图（A2幅面）

(c)

(d)